外源物质调控植物抗逆境胁迫能力的生理与生化机制

宁东峰 高阳 张俊鹏 著

中国农业科学技术出版社

图书在版编目(CIP)数据

外源物质调控植物抗逆境胁迫能力的生理与生化机制／宁东峰，高阳，张俊鹏著. --北京：中国农业科学技术出版社，2022.9
ISBN 978-7-5116-5916-3

Ⅰ.①外… Ⅱ.①宁…②高…③张… Ⅲ.①作物-抗逆-研究 Ⅳ.①S332

中国版本图书馆 CIP 数据核字(2022)第 175532 号

责任编辑　周丽丽
责任校对　王　彦
责任印制　姜义伟　王思文

出 版 者　中国农业科学技术出版社
　　　　　北京市中关村南大街 12 号　　邮编：100081
电　　话　(010) 82109194 (编辑室)　　(010) 82109702 (发行部)
　　　　　(010) 82109709 (读者服务部)
网　　址　https://castp.caas.cn
经 销 者　各地新华书店
印 刷 者　北京建宏印刷有限公司
开　　本　170 mm×240 mm　1/16
印　　张　11.25
字　　数　210 千字
版　　次　2022 年 9 月第 1 版　2022 年 9 月第 1 次印刷
定　　价　60.00 元

前　　言

　　逆境胁迫，如干旱、盐碱、高温、低温、重金属和病虫害等，是限制作物产量和品质提升的主要障碍因子。逆境胁迫破坏植物细胞膜结构稳定性和完整性，影响植物光合作用、呼吸作用，以及其他生理代谢过程。此外，逆境引发细胞内活性氧的积累，导致细胞膜脂过氧化反应，代谢失衡，影响植株生长，严重时导致光合作用终止，植株死亡。提高作物的抗逆能力，或采取措施缓解逆境胁迫对作物产量和品质形成的不利影响，对保障作物稳产、高产及粮食安全有重要意义。

　　应用外源物质对作物进行处理，以增强作物自身的抗逆能力，是应对逆境胁迫简便可行的方法，应用前景广阔。应用于植物抗逆境胁迫的外源物质主要有 4 类，一是渗透调节物质，如甜菜碱、糖类、有机酸等；二是与降低膜透性有关的物质，如水杨酸、腐殖酸、Ca^{2+} 等；三是可以提高植物抗氧化能力的物质，如硒、硅、一氧化氮等；四是植物生长调节剂，如脱落酸、茉莉酸、细胞分裂素、乙烯等。此外，还有一些其他物质如褪黑素、多胺、生物质炭、根际促生菌等也可以提高植物的抗逆性。当然，还有很多外源物质尚未被发现。本书在国内外相关研究基础上，对团队多年关于外源物质对植物逆境胁迫调控的生理生化机制相关研究成果进行整理总结，并对国内外最新相关研究结果加以讨论。

　　本书由中国农业科学院农田灌溉研究所宁东峰副研究员、高阳研究员和山东农业大学张俊鹏副教授等合作撰写完成。全书共 7 章，主要论述了褪黑素、甜菜碱、水杨酸、硅肥、钢渣硅钙肥等外源物质对棉花、玉米、水稻等作物受水分、盐分、低温、重金属和病害等胁迫的缓解效应及生理生化调控机制，以期为作物逆境生理和稳产高产栽培提供理论与技术支撑，服务于农业生产。各章编撰分工如下：第一章、第五章、第六章和第七章由宁东峰完成；第二章由高阳、张俊鹏和江晓慧完成；第三章由高阳和 Mounkaila Hamani Abdoul Kader 完成；第四章由高阳、王兴鹏和孙文君完成。撰写过程中，梁悦萍、司转运、付媛媛对部分章节内容进行了整理。

本书内容翔实，图文并茂，适宜于农业高等院校与科研院所老师和学生、农业科学技术人员、涉农企业人员等阅读。

由于作者水平有限，书中难免存在不足之处，恳请读者批评指正。

著　者

2022 年 4 月

目　　录

第一章 绪论

第一节 盐碱胁迫

目前，全球盐渍土面积为 6% (Munns, 2008)，约 20%的可耕地已出现盐碱化 (Wang et al., 2019)，预计到 2050 年，50%以上的耕地会发生盐碱化 (Wang et al., 2003)。中国盐碱化土壤总面积约 1 亿 hm^2，约占世界盐碱地面积的 10%。我国耕地中盐渍化面积高达 920.9 万 hm^2，占全国耕地面积 6.62%，主要分布在西北、华北、东北及沿海地区（杨劲松，2008）。我国的盐碱地主要是含有 Na^+、Ca^{2+}、Mg^{2+}、CO_3^{2-}、HCO_3^-、Cl^- 和 SO_4^{2-} 组成的 12 种盐。近年来，由于不合理的灌溉耕作方式等，土壤次生盐渍化问题进一步加剧，成为限制作物生长和产量形成的主要逆境胁迫因子。土壤盐碱化治理和提高植物耐盐性是农业可持续发展必须高度重视的问题。

一、盐碱对植物的伤害

盐碱胁迫会对植物产生很多不利的影响，主要包括渗透胁迫、离子毒害、氧化胁迫。一是渗透胁迫。土壤中盐分浓度过高降低了土壤溶液水势，植物根系吸水困难，从而产生渗透胁迫。二是离子毒害。植株生长中摄取了过量的 Na^+、Cl^- 等离子，细胞质内离子浓度升高，高浓度的盐破坏酶的结构和活性，破坏光合系统，抑制蛋白质合成，破坏细胞膜完整性。三是氧化胁迫。植物叶绿体和线粒体电子传递链中泄露的电子可能与 O_2 反应生成 $O_2^{\cdot-}$、H_2O_2、$\cdot OH$。盐胁迫下植物光能利用和 CO_2 同化受到抑制，促进了活性氧的生成和脂质过氧化反应。除此之外，碱胁迫会导致根际土壤 pH 值升高对植物造成进一步的伤害（陈晓亚等，2012）。多种胁迫的叠加会抑制植物根系对矿质元素的吸收，影响植物的各种生理代谢活动。Munns et al.（2002）研究证实，植物生长对盐胁迫的反应分为两个阶段，一个是抑制幼叶生长的快速渗透阶段，另一个是加速成熟叶衰老的缓慢离子毒害阶段。盐碱胁迫对植物的多个生理生化过程产生影响。

（一）盐碱胁迫对植物生长过程的影响

生长发育受抑制是植物在逆境下最直观的表现。逆境胁迫下植物会通过调节生长形态特征和改变生物量分配来维持自身的存活与生长。植物在应对重度盐碱胁迫时会通过减少幼嫩组织生长，老叶迅速凋零以及降低叶面积的扩展速率，地上和地下生物量再分配来响应。大量研究表明，盐胁迫植株地上部生长性状和根系构型发生了变化，随着盐分浓度增加，植株株高、叶面积、根、叶以及总生物量逐渐减少，幼苗根长下降幅度相对较小，根冠比则增加（罗达等，2019；刘慧颖等，2019；Cai et al.，2020）。对于一些耐盐碱植物，植株株高、鲜重、干重，以及根长均随盐分浓度提高呈先增后减的趋势，低浓度盐胁迫促进植株生长（王静等，2019）。

（二）盐碱胁迫对植物光合作用的影响

逆境胁迫对植物生长和代谢的影响是多方面的，逆境条件下植物光合作用的变化最为明显。盐碱胁迫导致净光合速率降低的原因有以下几个方面：一是盐碱胁迫干扰了叶绿体基粒的片层结构，导致叶绿素含量下降，光系统Ⅱ（PSⅡ）活性降低，减少了光的捕获；二是盐碱胁迫影响暗反应中的各种酶活性，从而干扰了暗反应中酶促反应等生化过程；三是盐碱胁迫抑制了光合产物的利用和运输，形成负反馈。盐胁迫抑制植物叶片光合过程主要包括气孔和非气孔两个限制方面。气孔限制是指盐胁迫引起植物叶片气孔张开程度减小，导致 CO_2 供应受阻，叶片光合下降；非气孔限制是指盐胁迫引起叶片叶绿体中的 CO_2 扩散阻力增大和羧化酶的活性降低。有研究表明盐胁迫会抑制植物叶片光合，盐胁迫初期通过气孔因素影响植物叶片光合，随着盐胁迫时间的增长，则影响叶片光合的主要因素变为叶肉因素（李学孚等，2015；孙放行等，2009）。Kalaji et al.（2016）进一步研究发现盐碱胁迫会使细胞产生离子毒害，损伤叶片细胞 PSⅡ 反应中心，电子传递速率受到抑制。王佺珍等（2017）和 Lu et al.（2007）研究发现盐胁迫会导致 Mg^{2+} 沉淀，而在合成叶绿素过程中，Mg^{2+} 是必不可少，Mg^{2+} 沉淀导致叶绿素合成量降低，叶绿体含量减少，光合作用减弱。Hu et al.（2005）研究不同盐浓度对生长小麦叶片横截面积的空间分布和叶脉解剖结构的影响，发现盐胁迫降低了小麦发育过程中的叶片横截面积，这可能导致生长期叶片结构特性的变化，从而导致叶片生理功能的变化，通过横切面观察发现，盐度显著降低了叶肉细胞和表皮细胞沿叶轴的横截面积、宽度和半径，导致叶肉导度降低。另外，Kawase et al. (2013) 研究盐胁迫下海洋植物伞藻的水通道蛋白 McMIPB 对其光合能力和生长的影响，发现盐胁迫会影响水通道蛋白 McMIPB 的表达，由此可推测盐胁迫可能通过阻碍水通道蛋白 McMIPB 的表达来调控植物叶肉导度。

（三）盐碱胁迫对植物叶绿素荧光特性的影响

叶绿素荧光参数是反映植物光合生理情况的关键指标，可用于分析光系统对外界光能的接收、传送、耗散、分配等，荧光参数的变化可直接反映出作物受胁迫影响的程度。刘莉娜等 (2019) 研究发现叶绿素荧光与光合作用效率密切相关，盐胁迫降低了银叶树幼苗叶片实际光量子效率、表观光合电子传递速率等参数，表明银叶树幼苗叶片光化学效率与表观净光合速率降低。赵跃锋等 (2018) 通过室内试验研究茄子荧光参数、光合指标对不同盐分胁迫的响应，研究发现叶片初始荧光随盐分浓度上升呈升高趋势，最大荧光呈先升后降变化趋势，叶片光系统的最大光化学效率、潜在活性均呈下降趋势，说明盐胁迫会降低茄子叶片 PSⅡ 反应中心捕获光能效率，进一步解释了盐胁迫下叶片光合速率下降的原因。通过观察植物的荧光参数，研究光合作用对环境因子的响应。将荧光参数与气体交换参数相结合，可以进一步研究叶片的光合和生化特性，有利于研究光合羧化和电子传递、光合效率和化学猝灭等光合生化过程。

二、植物对盐碱胁迫的适应机理

植物耐盐是植物在高盐环境中生长发育特有的生理生化过程。植物主要通过合成渗透调节物质、离子选择性吸收、抗氧化保护、营养平衡、改变代谢类型、调整生物量的分配等途径来缓解盐胁迫对其造成的毒害。

（一）渗透调节作用

渗透调节是植物耐盐性的基本特征之一。植物细胞在盐胁迫下积累的渗透调节物质包括无机离子（如 K^+）和有机小分子物质。盐生植物如碱蓬、滨藜等在盐胁迫下依靠从外界吸收和积累无机离子进行渗透调节，降低细胞水势。植物合成的有机渗透调节物质主要包括可溶性糖、脯氨酸、甜菜碱、苹果酸等。它们在细胞中通过降低渗透势防止水分散失，维持细胞膜的结构和功能。张雯莉等 (2018) 发现随着渗透势的降低和胁迫处理时间的延长，枸杞叶片的脯氨酸和可溶性糖含量逐渐增加，通过积累渗透调节物质来缓解盐分胁迫造成的损害。梁新华等 (2006) 对甘草渗透调剂物质含量的研究报道指出，甘草叶片中可溶性糖含量随盐分梯度的增加而呈上升趋势，但刘华等（1997）对碱茅生长的研究结果则与之相反，可溶性糖随盐分梯度的增加而下降。也有研究表明，随着盐分处理时间的增加，可溶性糖含量呈先增加后降低的变化趋势。因此，由于可溶糖的稳定性不好，极易出现转化偏差，因而对其的具体作用还有待于进一步研究。

（二）离子转运与均衡

在盐碱胁迫环境中，植物通过建立新的离子平衡提高其耐盐能力，植物可通过拒盐、排盐及盐分的区域化等方式缓解离子毒害。

1. 拒盐

即不让外界的盐分进入植物体内，又可分为根系拒盐和地上部拒盐两种方式。有的植物根细胞选择性的吸收 K^+ 而不吸收 Na^+，这类植物根细胞质膜具有较多的饱和脂肪酸，对 Na^+ 和 Cl^- 的透性较低。也有些植物拒盐发生在局部组织，有的植物根系吸收盐分后只积累在根细胞外皮层和表皮细胞，不再向地上部运输。

2. 排盐

植物吸收盐分后并不在体内积累，而是主动通过盐腺排出到茎叶表面，如柽柳等属于排盐植物。

3. 盐分区域化

盐分进入液泡而被区域化也是植物适应盐渍环境的方式之一。盐分进入液泡一方面降低了细胞质中盐浓度，使其代谢活动正常；另一方面增加了液泡内离子浓度，降低了细胞水势，从而促进了水分的正常吸收。

（三）抗氧化保护

抗氧化胁迫也是植物耐盐的重要方式。植物抗氧化系统主要分为酶类防御和非酶类防御两类系统。酶类防御系统主要有超氧化歧化酶（SOD）、过氧化氢酶（CAT）、过氧化物酶（POD）、抗坏血酸过氧化物酶（APX）等，非酶类防御系统主要包括抗坏血酸和谷胱甘肽。Garratt 等的研究表明高氯化钠含量（150 mmol/L）下，提高了棉花 SOD、APX、CAT 和 GR 等抗氧化酶的活性。在烟草中过表达 *NtGST/GPX*、*SOD*、*APX* 基因可提高对盐和干旱的耐性。

三、外源物质提高植物抗盐碱胁迫

应用外源物质对作物进行处理，增强作物自身的抗胁迫能力，是应对盐碱胁迫简便可行的方法。在盐碱胁迫中常用的外源添加物主要有 4 类，一是渗透调节物质，如甜菜碱、糖类、有机酸等；二是与降低膜透性有关的物质，如水杨酸、腐殖酸、Ca^{2+}等；三是可以提高植物抗氧化能力的物质，如硒、硅、NO等；四是植物生长调节剂，如茉莉酸、细胞分裂素、生长素等，此外还有一些其他物质如镧素、褪黑素、多胺等也可以提高植物的抗盐碱性。当然，还有很多外源物质尚未发现，继续深入研究发现更多可以提高植物抗盐碱性的外源物质是未来研究的方向。

（一）甜菜碱

甜菜碱（GB）是一种细胞渗透保护剂，通过渗透调节、提高光合作用的能力，以及降低ROS等方面来提高植物对非生物胁迫的耐受性（Sofy et al.，2020）。研究指出，在盐胁迫下，外源施加甜菜碱可以维持PSⅡ的活性和光化学反应（Park et al.，2006；Oukarroum et al.，2012）；诱导植株抗氧化防御相关基因表达，从而降低了细胞内活性氧的积累和膜脂过氧化反应（Banu et al.，2010）；降低了植株叶片中Na^+的吸收积累，提高了K^+和Ca^{2+}的积累，从而改善了叶水势，提高了SOD、CAT和POD等抗氧化酶活性，促进了植株生长和产量形成（Raza et al.，2014）。

（二）水杨酸

水杨酸（SA）是一种内源性植物生长调控因子，参与植物多个生理生长过程，包括种子萌发、作物产量形成、离子捕获和转运、光合作用、营养吸收、叶绿素的生物合成、调节气孔运动、抑制乙烯生物合成和蛋白激酶的合成等。SA还是诱导系统获得抗性的重要信号分子。研究表明，即使在低浓度（0.05 mmol/L）下，SA仍对非生物胁迫具有较高的抗逆作用，这主要是由于SA增强了植物的抗氧化能力。提高植物的抗氧化酶活性，减少了ROS积累引起的危害（Hayat et al.，2010；Bidabadi et al.，2012）。此外，外源SA导致腺苷三磷酸酶（ATP）含量增加，为各种物质的代谢提供了足够的能量，能够改善植物对低温、高盐和其他非生物胁迫的抗性（La et al.，2019）。

（三）褪黑素

褪黑素，化学名称为乙酰基甲氧基色胺（N-acetyl-5-methoxytryptamine），是一类生命必需的吲哚类小分子化合物。褪黑素在植物中参与多个生理过程，如可促进种子萌发、调节植物的碳氮代谢、调控果实发育、影响果实成熟，以及改善果实品质并提高产量。褪黑素是一种高效的内源性自由基清除剂，可提高植物的抗氧化能力，降低逆境引发的氧化胁迫对植物生长发育的影响

(Zhang et al.，2013)。孙莎莎等（2019）研究表明，在盐胁迫下，添加外源褪黑素可以直接消除 H_2O_2，还可以间接通过提高抗氧化酶活性来提高消除 ROS 的能力，缓解盐分胁迫引起的氧化损伤。偶春等（2019）指出盐胁迫下香椿幼苗的生长受到明显抑制，叶绿素含量和净光合速率及 K^+、Mg^{2+} 和 Ca^{2+} 离子含量显著下降，外施适宜浓度的褪黑素能调节植物细胞在体内的离子平衡，增加养分的吸收，改善光合作用的效率，从而提高香椿幼苗对盐胁迫的抵抗力，并且 100 μmol/L 褪黑素处理效果最好。Zhang et al.（2014）通过褪黑素预处理黄瓜种子后，发现外源性褪黑素通过增强抗氧化剂的基因表达，减少了 NaCl 胁迫诱导的氧化损伤，能显著提高盐胁迫下种子的发芽率并改善后期的生长情况。

（四）硅

硅是植物生长发育的有益元素，大量研究表明，硅可以提高作物对多种生物和非生物胁迫的抵抗能力。硅在提高植物的耐盐碱性方面的机制，主要涉及以下几个方面：一是硅以植硅体的形式在植物细胞中沉积，可有效阻止有害离子进入植物体；二是防止盐碱胁迫下过多水分流失与养分流失；三是增加植物的叶绿素含量，改善盐碱胁迫下植物光合作用；四是提高盐碱胁迫下植物抗氧化酶活性，减少活性氧的过多积累；五是促进盐碱胁迫下植物相关渗透调节物质合成，提高其抵御渗透胁迫能力；六是促进盐碱胁迫下植物矿质营养元素平衡，最终达到提高植物耐盐碱性的目的（Gong et al.，2012；刘铎等，2019）。

第二节　干旱胁迫

据统计，全球干旱、半干旱地区已超过土地总面积的 1/3，而在我国已占土地总面积的 47%，在耕地面积中干旱、半干旱地区已占 51%（李智元等，2009）。在全球范围内，干旱被认为是限制作物产量和危害生态系统最主要的环境胁迫因子（Ault，2020）。随着全球气候变化，未来干旱发生的程度、频率和持久性还会增加（Wang et al.，2017）。干旱胁迫可分为土壤干旱和大气干旱。干旱可以引起植物生长、生理过程的一系列变化，严重的干旱会导致光合作用终止和代谢紊乱，最终导致植物死亡。寻求提高植物抗旱性的途径是作物稳产高产亟待解决的关键问题。

一、干旱对植物的伤害

(一)干旱对植物表型的影响

植物的生长发育对干旱最为敏感,水分胁迫使植物生长变缓或停止。干旱胁迫下,植株生长矮小,根冠比增大。不同种类的植物及同一种类不同品种的植物之间抗旱性存在差异。评价植物抗旱性常用的生长指标有株高、叶面积、生物量、干物质积累速率、相对生长速率等。此外,抗旱性不同的植物在叶片气孔数目、角质层厚度及栅栏组织排列等方面也存在差异。抗旱性强的植物一般具有发达的根系、根冠比大,根部维管数目多等特点。

(二)干旱对植物生理过程的影响

干旱胁迫下,植物生理生化过程发生改变,例如光合作用、渗透调节物质,膜脂过氧化产物、抗氧化酶活性等生理生化过程的变化。

1. 对光合作用的影响

干旱胁迫下,植物的光合速率降低,同化产物减少,生长受到抑制。当叶片接近水分饱和状态时,最适宜进行光合作用。干旱胁迫下,气孔限制和非气孔限制会引起植物光合速率的下降。

(1)气孔限制。植物气孔是 CO_2 进入叶片细胞的入口,干旱胁迫下,气孔开度减小,同时气孔阻力增大,造成胞间 CO_2 降低、光合速率降低、CO_2 同化受阻。

(2)非气孔限制。随着干旱胁迫的加剧,可致叶绿素降解、叶绿素合成也受到抑制,光合系统活性和光合电子传递速率降低,从而导致光合速率下降,胞间 CO_2 升高,即非气孔限制。

轻度干旱下,气孔开度降低,气孔限制是光合降低的主要原因。随干旱胁迫加剧,光合作用受抑制由气孔因素向非气孔因素转变。Rubisco 是卡尔文循环暗反应中的关键酶,重度胁迫通过降低 Rubisco 活化酶含量及小亚基的基因表达量下降导致光合速率降低。

2. 对叶绿素荧光特性的影响

叶绿素荧光参数可反映叶片的光能吸收、传递、消耗和分配,最大光化学效率(F_v/F_m)和实际光化学效率(Φ_{PSII})可反映光合作用的抑制程度。Xu et al.(2009)研究表明重度干旱抑制叶片 PSII 的功能,胁迫解除后可完全恢复。F_v/F_m 在干旱胁迫后无变化。非光化学猝灭(NPQ)表示 PSII 天线色素吸收的光能不能用于电子传递,而以热的形式耗散掉的光能部分。干旱胁迫后叶片 NPQ 升高，是植株重要光保护机制，在复水后 NPQ 仍维持较高的水平。

3. 渗透调节能力

干旱胁迫下，植物在细胞主动积累溶质，如脯氨酸、甜菜碱、可溶性糖，以及 K^+、Ca^{2+} 等无机离子，以降低渗透势，增加吸水能力。任婧瑶等（2021）研究表明，干旱胁迫下花生苗期游离脯氨酸均大量积累，分别为对照处理的 1.3~4.2 倍。

4. 活性氧积累与抗氧化酶活性

干旱胁迫干扰植物细胞中活性氧产生与清除之间的平衡，造成活性氧积累，引起膜脂过氧化反应。干旱胁迫下，参与活性氧清除的酶类主要有超氧化歧化酶（SOD）、过氧化氢酶（CAT）、过氧化物酶（POD）、抗坏血酸过氧化物酶（APX）、谷胱甘肽还原酶（GR）等。在干旱胁迫下，植物抗氧化酶活性增强。

5. 植物激素

植物内源激素有六大类，即脱落酸（ABA）、细胞分裂素（CTK）、油菜素甾醇（BR）、生长素（IAA）、赤霉素（GA）和乙烯（ETH）。当干旱胁迫发生时，植物体内多种内源激素相互协调，多种激素信号通路形成复杂的调控网络，共同响应逆境胁迫。干旱胁迫条件下，植物体内脱落酸含量增加，信号转导被激活，诱导气孔关闭，减少水分散失。大量研究认为，干旱胁迫可以使 ABA 含量增加，其他内源激素含量变化会因不同作物、不同品种而异。在重度干旱胁迫下，植物体内脱落酸含量显著增加，而降低了生长素含量（张志芬等，2018；张甜等，2018）。

二、外源物质增强植物抗旱胁迫

在干旱胁迫中常用的外源添加物主要有 4 类，一是渗透调节物质，如甜菜碱、脯氨酸、糖类等；二是无机营养元素，如 K、Ca、Si 等；三是植物生长调节剂类，如脱落酸、乙烯利、水杨酸、多胺等；四是一些其他物质，如 NO、植物根际促生菌、生物质炭、腐殖酸、褪黑素等也应用到植物的抗旱胁迫中。

（一）甜菜碱

甜菜碱（GB）是一种细胞渗透保护剂，通过渗透调节、提高抗氧化酶活性，降低活性氧积累等方面来提高植物抗旱性。高雁等（2012）研究发现，加工番茄干旱胁迫下喷施甜菜碱后，有效抑制了叶绿素和可溶性蛋白含量的下降，增加脯氨酸和可溶性糖的含量，提高了抗氧化酶活性，膜脂过氧化程度减弱，提高了番茄产量。贺丽江等（2015）研究表明，干旱胁迫下，喷施甜菜碱降低苎麻叶片相对电导率变化率和丙二醛（MDA）含量，提高叶片可溶性糖含量和生长后期 POD 活性，增加苎麻抗旱性，提高苎麻产量。侯鹏飞等（2013）研究表明，喷施适当浓度（GB）可调控干旱胁迫下小麦叶绿体抗氧化酶活性，清除活性氧，减缓相对含水量及叶绿素含量的降低，提升 *psbA* 基因的表达水平，从而加快受损 D1 蛋白的周转，提高小麦的抗干旱胁迫能力。

（二）脱落酸

脱落酸（ABA）是植物主要的根源化学信号。干旱胁迫发生时，植物根系产生内源 ABA，并随着蒸腾的木质部汁液向叶片转运，在叶片水分未发生变化时，诱导叶片气孔关闭（Yoshida et al.，2019）。大量研究表明，干旱胁迫下喷施外源 ABA 可提高小麦、玉米、棉花、大豆、黄瓜、甘蔗、水稻等多种作物的抗旱能力（李长宁等，2010；姚满生等，2005；郭贵华等，2014；陈露露等，2016；王相敏等，2021）。干旱胁迫下，外源 ABA 增强作物抗旱性的调控机制主要包括：一是干旱胁迫下，外源喷施 ABA 处理诱导叶片气孔关闭，降低蒸腾速率，减少水分过度消耗，提高水分利用率。二是提高抗氧化酶活性，降低膜脂过氧化作用，减少水分胁迫的伤害，提高其抗旱性。三是增加渗透调节物质积累，降低渗透势，增强水分吸收能力。四是干旱胁迫时，施用外源 ABA 能促使细胞迅速积累 ABA，这种内源 ABA 的积累，能诱导某些相关基因的表达。

（三）褪黑素

褪黑素是存在于植物中的一类吲哚类化合物，具有极强的抗氧化性，抑制活性氧的积累，保护细胞结构，并调控抗逆基因的表达，有效缓解干旱、盐碱等逆境胁迫。赵成凤等（2021）研究发现，叶施褪黑素能够缓解干旱胁迫下玉米 PSⅡ和 PSⅠ结构和功能的损伤，促进玉米的生长。王慧等（2022）研究表明，施用褪黑素不仅能改善黑麦草和苜蓿的抗氧化能力，还能调节养分吸收以增强植物对干旱胁迫的适应性，而且叶面喷施褪黑素效果好于根施。干旱胁迫下，褪黑素通过上调 *MAPKs*（*Asmap1* 和 *Aspk11*）、*WRKY1*、*DREB2* 和 *MYB* 基因的表达，调节下游逆境响应基因的表达，增强植物对干旱胁迫的抵抗力（Gao et al.，2018）。在干旱胁迫下，异源过表达褪黑素生物合成关键基因 *COMT* 可增加植株体内褪黑素含量，上调 *RAB18*、*RD29A*、*KIN1*、*DREB2*、*WRKY33*、*MYB* 和 *LEA* 基因的表达，提高植物的抗旱性（Yang et al.，2019；孙莎莎等，2019）。

(四) 硅

硅 (Si) 是植物生长发育的有益元素, 可增强作物对多种逆境胁迫的抵抗能力, 且具有无毒无污染的特点, 被认为是发展绿色生态农业的优质高效肥料资源 (Ma et al., 2015; Etesami et al., 2018)。大量研究表明, 外源硅肥可增强小麦、玉米、水稻、花生、高粱、番茄等多种作物的抗旱能力 (Meunier et al., 2017; Ning et al., 2020; Kuhla et al., 2021; Patel et al., 2021; Markovich et al., 2022)。硅调节作物抗旱能力的机理主要包括: 降低蒸腾速率 (Gao et al., 2006), 提高作物根系的吸水能力 (Hattori et al., 2005), 缓解过氧化伤害 (Kim et al., 2017), 渗透调节 (Yin et al., 2014) 等方面。

第三节　重金属胁迫

重金属元素是指密度在 $5.0\ \mathrm{g/cm^3}$ 以上的, 约 45 种元素。从环境污染方面考虑, 重金属主要是指 Hg、Cr、Pb、Cd、Cu、Zn、Ni、Mn, 以及类金属 As 等生物毒性显著的重金属 (Oves et al., 2012; Barakat et al., 2011)。随着现代社会的发展, 人为因素成为重金属污染的主要来源, 主要包括工业 "三废" 的排放、矿山的开采和冶炼、化肥和农药的施用、污水灌溉和污泥农用, 以及城市生活垃圾排放等 (Li et al., 2011; Zhao et al., 2012; Adriano et al., 2004; Islam et al., 2015)。传统的重金属修复方法基于去除土壤中重金属总量, 如客土法、土壤淋洗技术、电动修复技术和植物修复技术等, 但上述方法应用于大范围污染农田时花费较高, 实现困难。原位固定技术基于改变重金属在土壤中的赋存形态, 从而降低其在环境中的迁移性和生物毒性, 如固化/稳定法、生物稳定法等。原位治理没有改变生态环境条件, 操作方便, 成本低, 效果好, 适合于大面积的推广和利用, 引起广泛的研究 (Gray et al., 2006; Park et al., 2011; Houben et al., 2012; Cao et al., 2009)。

一、重金属在土壤中的动态变化

重金属离子在土壤中可发生吸附、沉淀、络合、氧化还原等反应 (图 1-1), 金属离子可以通过植物吸收、淋洗和蒸发的形式而离开土壤。金属离子在土壤中形态、活性、毒性及去向等受到土壤特性和外界环境条件的影响。主要金属元素的形态和化学特性详见表 1-1。

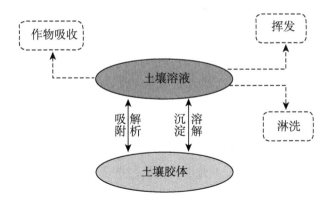

图 1-1　土壤中重金属动态变化

表 1-1　主要金属元素的形态和化学特性

重金属	形态特性
Pb	Pb 有 Pb^0 和 Pb^{2+} 2 个价态，Pb^{2+} 是最常见和活跃的形态。与无机离子（Cl^-、CO_3^{2-}、SO_4^{2-}、PO_4^{3-}）或腐殖酸、富里酸、ETDA、氨基酸结合生成溶解性低的化合物
Cr	Cr 在土壤中有 Cr^0、Cr^{3+} 和 Cr^{6+} 3 个价态。Cr（Ⅵ）的毒性和移动性最强，主要以铬酸盐（CrO_4^{2-}）和重铬酸盐（$Cr_2O_7^{2-}$）的形态存在。Cr（Ⅵ）在环境中可以被有机质、S^{2-}、Fe^{2-} 等还原为毒性和移动性弱的 Cr（Ⅲ）。Cr（Ⅵ）淋洗浓度随着 pH 值的升高而增加
Cd	Cd 有 Cd^0 和 Cd^{2+} 2 个价态。环境 pH 值对 Cd 的活性有很大影响，在酸性条件下（pH 值 4.5~5.5）土壤中 Cd^{2+} 的活性较高；在高土壤 pH 值条件下，Cd^{2+} 与 OH^-、CO_3^{2-} 形成沉淀。Cd^{2+} 也可与 PO_4^{3-}、AsO_4^{3-}、$Cr_2O_7^{2-}$、S^{2-} 形成沉淀
Cu	Cu 有 Cu^0、Cu^+ 和 Cu^{2+} 3 个价态，以二价态的毒性最强。Cu^{2+} 的活性对 pH 值的依赖很大，提高土壤 pH 值其活性降低，碳酸盐、磷酸盐及黏土矿物可通过吸附作用调节 Cu^{2+} 的活性
Zn	Zn 有 Zn^0 和 Zn^{2+} 2 个价态。在环境中，Zn^{2+} 可与 OH^-、CO_3^{2-}、SO_4^{2-}、PO_4^{3-} 等阴离子结合生成沉淀，也可以与有机酸结合为络合物。在还原条件下，Zn 与 Fe/Mn 等水合氧化物生成共沉淀
As	As 有 As^{3-}、As^0、As^{3+}、As^{5+} 4 个价态。在有氧条件下，通常以 As（V）（AsO_4^{3-}）存在，在酸性条件下，与铁氢氧化物以共沉淀或吸附的形式结合。在还原条件下，主要以 As（Ⅲ）（AsO_3^{3-}），移动性和毒性较强
Hg	Hg 有 Hg^0、Hg^+ 和 Hg^{2+} 3 个价态。Hg^{2+} 和 Hg_2^{2+} 在氧化条件下比较稳定。随着 pH 值增加，土壤对其吸附能力增强。在一定的 Eh 和 pH 值条件下可发生甲基化

（一）吸附/解析

土壤溶液中的金属离子可通过专性吸附和非专性吸附保留在土壤中。专性吸附是通过化学结合的方式将溶液中离子固定在土壤胶体中（Harter et al.，1995），而非专性吸附一般是溶液离子与土壤胶体所带电荷通过静电吸附平衡的过程（Bolan et al.，2014）。土壤 pH 值显著影响土壤氧化物对金属离子的吸附，离子浓度低时氧化物对其专性吸附随 pH 值升高而增强（Cerqueira et al.，2011）。土壤组成特性，如硅酸盐黏土矿物、有机质、离子、铁/锰氧化物等对其吸附性能也会产生影响。专性吸附在调控重金属的生物有效性和毒性方面起着重要作用，然而专性吸附也给土壤带来了潜在的污染风险。

（二）沉淀/溶解

当土壤 pH 值或含氧根阴离子（SO_4^{2-}、CO_3^{2-}、OH^-、HPO_4^{2-}）含量较高时，金属离子在土壤中主要以沉淀和协调沉淀的方式固定（Kumpiene et al.，2008）。含磷化合物及磷矿石等物质被广泛用于土壤中 Pb 的固定，源于生成了难移动的氯磷铅矿、氟磷铅矿、羟基磷铅矿等物质 [Pb_5（PO_4）$_3X$，$X=F$，Cl，B，OH]（Bolan et al.，2003）。石灰等富含碳酸盐物质通过提高土壤 pH 值，而促进金属离子生成碳酸盐或氢氧化物沉淀（Houben et al.，2012）。

（三）氧化/还原

As、Cr、Hg 和 Se 在土壤中普遍发生氧化还原反应。氧化还原反应可以分为同化反应和异化反应。在同化反应中，金属作为微生物新陈代谢反应的电子终端接受者。在异化反应中，金属不参与微生物的生理反应，偶然的还原与微生物氧化有机酸、醇类物质、H_2、芳香化合物相耦合（Holden et al.，2003）。

（四）甲基化/去甲基化

甲基化是利用生物或化学机制将土壤中 As、Hg 和 Se 等金属元素，通过转化为甲基衍生物而蒸发的过程（Cernansk et al.，2009）。在土壤中，以生物甲基化为主要机制。Thayer et al.（1982）将生物甲基化分为转甲基甲基化和裂变甲基化两类。转甲基过程是指将完整的甲基团从化合物（甲基提供者）中转移至其他化合物（甲基接受者）。裂变不需要完整的甲基团，是指化合物（甲基提供者）裂解消除甲酸、甲醛等分子，而后这些分裂出的分子结合到其他化合物（甲基接受者）。微生物在土壤中是生物甲基化的主导者，有机物质提供甲基源。甲基化和去甲基化是 Hg 在环境中循环的重要过程（Merritt et al.，2009）。

二、重金属化学原位钝化技术

土壤重金属化学原位修复技术是指通过添加外源修复剂，与重金属发生吸附、沉淀、离子交换、氧化还原等一系列反应，改变重金属在土壤中的赋存形态，降低其在土壤中的移动性和生物有效性，从而减少重金属对土壤生物的毒害和在农产品中的积累，是固化/稳定（Solidification/Stabilization，S/S）技术的一部分。随着土壤重金属污染的加剧，重金属化学原位钝化技术引起越来越广泛的研究和应用。目前，常用的重金属钝化修复剂主要包括石灰类物质、含硅材料、含磷材料、黏土矿物、金属氧化物、有机物料、生物炭，以及其他新型材料等。它们的性质结构、对目标重金属元素的选择及钝化机理不同。

（一）石灰类物质

石灰类材料最初应用于改善土壤酸度，后研究发现，石灰、赤泥、粉煤灰、$CaCO_3$ 和 $Ca(OH)_2$ 等石灰类材料可以显著地降低土壤中 Cd、Cu、Zn、Ni、As 等金属元素的活性并降低植物对其吸收和积累。一方面，石灰类材料通过降低土壤中 H^+ 浓度，增加土壤表面负电荷，促进对重金属阳离子的吸附；另一方面，也可以促进金属离子形成沉淀而降低其有效性（Santona et al.，2006；Lee et al.，2011）。不同石灰类材料，对不同金属离子的钝化效果不同。Gray et al.（2006）研究认为石灰和赤泥显著降低了 Cd、Cu、Zn 和 Ni 的活性，但对 Pb 的固定效果不明显。环境的酸碱度是影响材料对金属离子钝化效果的主要影响因子。Bertocchi et al.（2006）研究指出赤泥在低 pH 值条件下对 AS、Pb 和 Zn 的吸附能力大于粉煤灰。Hale et al.（2012）研究表明水泥和石灰在高 pH 值条件下可以降低土壤中 Cd、Co、Cu、Ni、Pb 和 Zn 等金属元素的活性，但在较低的 pH 值条件下对上述金属反而有活化作用，并进一步提出在高 pH 值条件下，水泥对金属离子更多的是封闭和固定，而不是沉淀。Mallampati et al.（2012）研究提出纳米级 Ca/CaO 材料在土壤正常水分条件下，通过吸附以及将金属离子截获至新形成的聚合物中，从而显著降低了土壤表面 As、Cd、Cr 和 Pb 的浓度。

（二）富硅物质

硅虽然不是植物生长发育必需的营养元素，但是大量研究表明 Si 可以显著的缓解 Cd、Zn、Mn、Al、As 等金属离子对植物的毒害。硅缓解重金属毒害的调节机制，一是归因于富硅类碱性材料施入土壤后，提高了土壤 pH 值，从而降低了 Cd、Cu、Zn 等多种金属的活性；二是疏松多孔材料通过吸附作用降低了金属的活性；三是硅在植物体内可以降低金属离子从根系向地上部的运输，并通过调节植物抗氧化酶系统和光合系统，以及在植物体内 Si 与金属离子形成共沉淀等方式来缓解金属离子的胁迫（Liang et al.，2007；Zhang et al.，2008）。Gu et al.（2011）研究表明钢渣和粉煤灰等富硅物质施用于 Cu、Zn、Cd 和 Pb 复合污染的酸性水稻土，可以有效减轻水稻中重金属积累。Rizwan et al.（2012）研究认为无定形二氧化硅施用于土壤可以显著地降低土壤中 Cd 的活性，并阻止 Cd 从小麦根系向地上部运输，降低了地上部 Cd 的浓度。

（三）含磷物质

大量研究证实水溶性磷酸、磷酸盐和非水溶性磷灰石、氟磷灰石、磷矿粉等材料对土壤中重金属都有很好的固定效果。含磷物质主要通过增大土壤表面积、增强阴离子专性吸附，以及与金属离子形成磷酸盐沉淀等作用实现对金属离子的固定（Tripathi et al.，2013；Nzihou et al.，2010）。不同类型含磷材料的修复效率不同，主要由磷矿物的比表面、溶解性不同所引起。Chen et al.（2007）研究认为羟磷灰石和磷酸岩对土壤中 Pb、Zn 和 Cd 的化学稳定性和降低生物有效性的效果优于过磷酸钙和磷酸二氢铵，并进一步提出对 Pb 的固定主要是诱导形成了磷氯铅矿 [$Pb_5(PO_4)_3Cl$]，而对 Zn 的固定主要通过吸附作用，而不是生成了磷锌矿 [$Zn_3(PO_4)_2 \cdot 4H_2O$]。Cao et al.（2009）研究表明磷酸及磷酸岩可以显著地降低土壤中铅的活性、生物有效性；可以降低 Cu 和 Zn 的水溶性，但不能降低 Cu 和 Zn 的生物有效性。Cui et al.（2014）通过 4 年的试验研究认为磷灰石对 Cd 和 Cu 的长期固定效果较稳定，优于石灰和木炭。Du et al.（2014）研究表明一种由草酸激活的磷酸盐、磷酸钾（KH_2PO_4）和氧化镁（MgO）组成的复合物可以有效地降低土壤中 Zn 和 Pb 的活性，主要通过与 Zn 形成磷锌矿 [$Zn_3(PO_4)_2 \cdot 4H_2O$] 和磷钙锌矿 [$CaZn_2(PO_4)_2 \cdot 2H_2O$] 和氢氧化锌 [$Zn(OH)_2$]，与 Pb 形成了氟代磷氯铅矿 [$Pb_5(PO_4)_3F$]。但是含磷物质的过量施用，会引起向地表水或地下水迁移，有造成地表水体富营养化和地下水污染的风险。

（四）黏土矿物

黏土矿物是一类环境中分布广泛的天然非金属矿产，主要包括海泡石、坡娄石、蛭石、沸石、蒙脱石、膨润土、硅藻土、高岭土等。该类物质一般是碱性多孔的铝硅酸盐类矿物，比表面积相对较大，结构层带电荷，主要通过吸附、配位和共沉淀反应等作用，减少土壤溶液中的重金属离子的浓度和活性，达到钝化修复的目的（李剑睿等，2014；Alvarez - Ayuso et al.，2013）。

Alvarez-Ayuso et al.（2014）研究表明当海泡石的用量为质量分数 4%时，土壤中 Cd 和 Zn 的浸出浓度分别降低 69%和 52%。Liang et al.（2014）研究表明海泡石和坡缕石等天然水合硅酸镁矿物的施用，促进了土壤中交换态 Cd 向碳酸盐结合态和残渣态转移，从而降低了 Cd 的活性和植物对 Cd 的吸收。Zhou et al.（2014）研究指出天然沸石（铝硅酸盐矿物）可以有效的降低 Pb、Cd、Cu 和 Zn 在土壤中的活性及水稻体内的金属的积累。

（五）金属及金属氧化物

土壤氧化物主要包括 Fe、Al、Mn 的氢氧化物、水合氧化物、羟基氧化物等，是土壤的天然组分之一，主要以晶体态、胶膜态等形式存在，粒径小、溶解度低，在土壤化学过程中扮演着重要作用。金属氧化物主要通过专性吸附、非专性吸附、共沉淀及在内部形成配合物等途径实现对土壤重金属的钝化固定。天然金属氧化物、合成金属氧化物颗粒，以及工业副产品等材料被用来研究和应用于土壤重金属钝化修复（Komárek et al.，2013）。Hartley et al.（2004）研究指出铁氧化物对土壤中 As 有很好的长期固定效果，不同铁氧化物对 As 的吸附能力表现为：Fe^{3+}>Fe^{2+}>铁砂>针铁矿，但是研究进一步指出铁氧化物对 Pb 和 Cd 反而有活化作用。硫酸亚铁在 As 污染土壤中固定效果明显，但其引起的土壤酸化问题不容忽视。Feng et al.（2007）研究表明针铁矿相对其他铁化合物可以更有效地降低植物对 As 的吸收积累，但是任何钝化剂都不能完全地阻止 As 从土壤向植物中转移；水钠锰矿对金属离子的吸附能力优于钡镁锰矿、锰钾矿和黑锰矿等锰氧化物，水钠锰矿对不同金属离子的吸附能力表现为 Pb（Ⅱ）>Cu（Ⅱ）>Zn（Ⅱ）>Co（Ⅱ）>Cd（Ⅱ）。Hettiarachchi et al.（2000）研究指出锰钾矿单独施用可以降低土壤中 Pb 的生物有效性，与过磷酸钙混合施用效果更好。Michalkova et al.（2014）研究指出合成的纳米无定形锰氧化物通过专性吸附可以显著地降低土壤中交换态 Cd、Cu 和 Pb 的浓度（>90%），优于普通铁氧化物，而且对土壤微生物活动有促进作用。但是锰氧化物对 Cr 的毒害有负面影响，Mn（Ⅶ）可以氧化 Cr（Ⅲ）为毒性和移动性强的 Cr（Ⅵ）。

（六）有机物料

有机物料的来源主要有生物固体、动物粪便等。有机物料即是优良的土壤肥力改良剂，也可作为土壤重金属吸附、络合剂，被广泛应用于土壤重金属污染修复中。有机物料中一般含有较高的腐殖化有机物，主要通过增加土壤阳离子交换量和对离子的吸附能力，以及形成难溶性金属有机络合物等方式来降低土壤重金属的生物可利用性。Liu et al.（2009）研究表明，鸡粪堆肥通过有机物质与 Cd 的络合作用，以及与含 P 化合物共沉淀作用，可以有效的降低土壤中交换态 Cd 的比例和植物对 Cd 的吸收和积累。Walker et al.（2004）研究表明，在硫化矿污染的土壤施用粪肥显著地促进了藜草的生长，并降低了植物体内 Cu、Zn、Mn 的积累，认为主要源于粪肥的施入提高了土壤 pH 值，防止了硫化物的氧化水解。Clemente et al.（2006）研究表明新鲜牛粪及高温堆肥施用于重金属污染的钙质土壤中，对 Pb 和 Zn 的固定效果明显，但因螯合作用而提高了 Cu 的活性。Farrell et al.（2010）研究提出城市固体垃圾和绿色垃圾堆肥施入重金属污染的酸性土壤中，均可以有效地提高土壤 pH 值，促进植物生长，并降低植物对 As、Cu、Pb 和 Zn 的吸收积累；但研究同时指出有机物固定的金属离子可能会重新释放，其长期稳定性等问题有待于进一步解决。另外，大量研究指出有机物质加入土壤后，可以促进高价态 Cr（Ⅵ）还原为毒性弱的低价态 Cr（Ⅲ），值得关注（Hsu et al., 2009; Chiu et al., 2009）。

（七）活性炭

生物炭是指将生物质原料（木材、作物秸秆、城市生活生物废弃物等）在限氧或者厌氧的条件下，在较高温度（<700 ℃）中热解生成的一类稳定的、纹理细腻的富含碳的多孔状固型材料（Beesley et al., 2011）。生物炭通过表面吸附、表面含氧官能团的络合作用，以及形成碳酸盐、磷酸盐沉淀等形式实现对重金属离子的固定。热解条件和原料类型是影响活性炭吸附能力的主要因素。Park et al.（2011）研究表明绿色垃圾和鸡粪制取的活性炭都可以有效地降低土壤中 Cd、Cu 和 Pb 的移动性和生物有效性，并促进了植物的生长，鸡粪制取的活性炭对重金属的固定和植物的生长更有效。Bian et al.（2014）通过 3 年试验研究表明，活性炭通过吸附和沉淀的方式，可以有效地降低酸性水稻土中 Cd 和 Pb 的活性及植物对其的吸收和积累。Uchimiya et al.（2012）研究表明富磷的活性炭对土壤中的 Pb 有很好的固定性，并且指出在较低温度下热解的活性炭，更有利于 P、K、Ca 等元素的释放和 Pb 的固定。Beesley et al.（2010）研究表明，木材制取的生物炭施入重金属复合污染的土壤，可以有效地降低 Cd 和 Zn 的活性及生物有效性，但是因活性有机碳（DOC）的增加，对 Cu 有活化作用，但随着时间的推移而减弱；因 DOC 和 pH 值的升高而增加 As 的移动性不随时间变化。活性炭吸附的重金属随着时间的变化及机制与对土壤生物的影响需要进一步的研究。

参考文献

陈露露，王秀峰，刘美，等，2016. 钙与脱落酸对干旱胁迫下黄瓜幼苗光合及相关酶活性的影响［J］. 应用生态学报，27（12）：3996-4002.

陈晓亚，薛红卫，2012. 植物生理与分子生物学［M］. 北京：高等教育出版社.

高雁，李春，娄恺，2012. 干旱胁迫条件下加工番茄对喷施甜菜碱的生理响应［J］. 植物营养与肥料学报，18（2）：426-432.

贺丽江，陈雷宇，李文略，等，2015. 干旱胁迫下喷施甜菜碱对苎麻生理特性及产量的影响［J］. 中国麻叶科学，37（3）：130-134.

侯鹏飞，马俊青，赵鹏飞，等，2013. 外源甜菜碱对干旱胁迫下小麦幼苗叶绿体抗氧化酶及 psbA 基因表达的调节［J］. 作物学报，39（7）：1319-1324.

李长宁，Manoj K S，农情，等，2010. 水分胁迫下外源 ABA 提高甘蔗抗旱性的作用机制［J］. 作物学报，36（5）：863-870.

李剑睿，徐应明，林大松，等，2014. 农田重金属污染原位钝化修复研究进展［J］. 生态环境学报，23（4）：721-728.

李学孚，倪智敏，吴月燕，等，2015. 盐胁迫对"鄞红"葡萄光合特性及叶片细胞结构的影响［J］. 生态学报，35（13）：4436-4444.

李智元，刘锦春，2009. 植物响应干旱的生理机制研究进展［J］. 西藏科技，11：70-72.

梁新华，刘凤敏，2006. NaCl 和 Na$_2$CO$_3$ 胁迫对甘草幼苗渗透调节物质含量的影响［J］. 农业科学研究（2）：96-98.

刘德帅，姚磊，徐伟荣，等，2022. 褪黑素参与植物抗逆功能研究进展［J］. 植物学报，57（1）：111-126.

刘铎，白爽，李平，等，2019. 硅调控植物耐盐碱机制研究进展［J］. 麦类作物学报，39（12）：1507-1513.

刘慧颖，韩玉燕，蒋润枝，等，2019. NaCl 对冰菜生长发育及重要品质的影响［J］. 江苏农业科学，47（15）：184-188.

刘莉娜，张卫强，黄芳芳，等，2019. 盐胁迫对银叶树幼苗光合特性与叶绿素荧光参数的影响［J］. 森林与环境学报，39（6）：601-607.

偶春，张敏，姚侠妹，等，2019. 褪黑素对盐胁迫下香椿幼苗生长及离子吸收和光合作用的影响 [J]. 西北植物学报, 39 (12): 2226-2234.

孙莎莎, 韩亚萍, 闫燕燕, 等, 2019. 过表达咖啡酸-O-甲基转移酶基因 (COMT1) 调控番茄幼苗对干旱胁迫生理响应 [J]. 植物生理学报, 55, 1109-1122.

王慧, 王冬梅, 张泽洲, 等, 2022. 外源褪黑素对干旱胁迫下黑麦草和苜蓿抗氧化能力及养分吸收的影响 [J]. 应用生态学报, 33 (5): 1311-1319.

王佺珍, 刘倩, 高娅妮, 等, 2017. 植物对盐碱胁迫的响应机制研究进展 [J]. 生态学报, 37 (16): 5565-5577.

王伟香, 2015. 外源褪黑素对硝酸盐胁迫条件下黄瓜幼苗抗氧化系统及氮代谢的影响 [D]. 杨凌: 西北农林科技大学.

颜宏, 赵伟, 盛艳敏, 等, 2005. 碱胁迫对羊草和向日葵的影响 [J]. 应用生态学报 (8): 1497-1501.

杨劲松, 2008. 中国盐渍土研究的发展历程与展望 [J]. 土壤学报 (5): 837-845.

姚满生, 杨小环, 郭平毅, 2005. 脱落酸与水分胁迫下棉花幼苗水分关系及保护酶活性的影响 [J]. 棉花学报, 17 (3): 141-145.

曾希柏, 徐建明, 黄巧云, 等, 2013. 中国农田重金属问题的若干思考 [J]. 土壤学报, 50: 186-194.

张雯莉, 刘玉冰, 刘立超, 2018. 2 种枸杞叶片对混合盐胁迫的生理响应 [J]. 西北植物学报, 38 (4): 706-712.

张志芬, 付晓峰, 赵宝平, 等, 2018. 腐植酸对重度干旱胁迫下燕麦叶片可溶性糖组分和内源激素的影响 [J]. 中国农业大学学报, 23 (9): 17-26.

赵成凤, 王晨光, 李红杰, 等, 2021. 干旱及复水条件下外源褪黑素对玉米叶片光合作用的影响 [J]. 生态学报, 41 (4): 1431-1439.

ACHIBA W B, GABTENI N, LAKHDAR A, et al., 2009. Effects of 5-year application of municipal solid waste compost on the distribution and mobility of heavy metals in a Tunisian calcareous soil [J]. Agriculture, Ecosystems and Environment, 130: 156-163.

ADRIANO D, 2001. Trace Elements in Terrestrial Environments: Biogeochemistry, Bioavailability, and Risks of Metals [M]. New York: Springer Verlag.

ADRIANO D C, WENZEL W W, VANGRONSVELD J, et al., 2004. Role of assisted natural remediation in environmental cleanup [J]. Geoderma, 122: 121-142.

AL - ABED S R, HAGEMAN P L, JEGADEESAN G, et al., 2006. Comparative evaluation of short-term leach tests for heavy metal release from mineral processing waste [J]. Science of the Total Environment, 364: 14-23.

BAKER L R, WHITE P M, PIERZYNSKI G M, 2011. Changes in microbial properties after manure, lime, and bentonite application to a heavy metal- contaminated mine waste [J]. Applied Soil Ecology, 48: 1-10.

BARAKAT M A, 2011. New trends in removing heavy metals from industrial waste water [J]. Arabian Journal of Chemistry, 4: 361-377.

BIDABADI S S, GHOBADI C, BANINASAB B, 2012. Influence of salicylic acid on morphological and physiological responses of banana (*Musa acuminata cv. 'Berangan'*) shoot tips to in vitro water stress induced by polyethylene glycol [J]. Plant Omics, 5 (1). 46-59.

BOLAN N S, ADRIANO D C, MANI P A, 2003. Immobilization and phytoavailability of cadmium in variable charge soils. Ⅱ. Effect of lime addition [J]. Plant and Soil, 251: 187-198.

BRAMRYD T, 2013. Long - term effects of sewage sludge application on the heavy metal concentrations in acid pine (*Pinus sylvestris* L.) forests in a climatic gradient in Sweden [J]. Forest Ecology and Management, 289 (1): 434-444.

CAO X D, AMMAR W, MA L, et al., 2009. Immobilization of Zn, Cu, and Pb in contaminated soils using phosphate rock and phosphoric acid [J]. Journal of Hazardous Materials, 164: 555-564.

CERNANSK S, KOLENCIK M, SEVC J, et al., 2009. Fungal volatilization of trivalent and pentavalent arsenic under laboratory conditions [J]. Bioresource Technology, 100: 1037-1040.

CHEN S B, XU M G, MA Y B, et al., 2007. Evaluation of different phosphate amendments on availability of metals in contaminated soil [J]. Ecotoxicology and Environmental Safety, 67: 278-285.

CHIU C C, CHENG C J, LIN T H, et al., 2009. The effectiveness of four organic matter amendments for decreasing resin-extractable Cr (VI) in Cr (VI) - contaminated soils [J]. Journal of Hazardous Materials, 161: 1239-1244.

CLEMENTE R, ESCOLAR A, BERNAL M P, 2006. Heavy metals fractionation and organic matter mineralisation in contaminated calcareous soil amended with organic materials [J]. Bioresource Technology, 97: 1894-1901.

CUI H B, ZHOU J, SI Y B, et al., 2014. Immobilization of Cu and Cd in a contaminated soil: one-and four-year field effects [J]. Journal of Soils and Sediments, 14: 1397-1406.

DU Y J, WEI M L, REDDY K R, et al., 2014. New phosphate-based binder for stabilization of soils contaminated with heavy metals: Leaching, strength and microstructure characterization [J]. Journal of Environmental Management, 146: 179-188.

ETESAMI H, JEONG B R, 2018. Silicon (Si), review and future prospects on the action mechanisms in alleviating biotic and abiotic stresses in plants [J]. Ecotoxicology and Environmental Safety, 147, 881-896.

FENG X H, ZHAI L M, TAN W F, et al., 2007. Adsorption and redox reactions of heavy metals on synthesized Mn oxide minerals [J]. Environmental Pollution, 147: 366-373.

GRAY C W, DUNHAM S J, DENNIS P G, et al., 2006. Field evaluation of in situ remediation of a heavy metal contaminated soil using lime and red-mud [J]. Environmental Pollution, 142: 530-539.

GU H H, QIU H, TIAN T, et al., 2011. Mitigation effects of silicon rich amendments on heavy metal accumulation in rice (*Oryzasativa* L.) planted on multi-metal contaminated acidic soil [J]. Chemosphere, 83: 1234-1240.

HAYAT Q, HAYAT S, IRFAN M, et al., 2010. Effect of exogenous salicylic acid under changing environment: A review [J]. Environmental and Experimental Botany, 68 (1): 14-25.

HETTIARACHCHI M, PIERZYNSKI G M, RANSOM M D, 2000. In situ

stabilization of soil lead using phosphorus and manganese oxide [J]. Environmental Science & Technology, 34: 4614−4619.

HOLDEN J F, ADAMS M W W, 2003. Microbe−metal interactions in marine hydrothermal environments [J]. Current Opinion in Chemical Biology, 7: 160−165.

HOUBEN D, PIRCAR J, SONNET P, 2012. Heavy metal immobilization by cost−effective amendments in a contaminated soil: Effects on metal leaching and phytoavailability [J]. Journal of Geochemical Exploration, 23: 87−94.

HUANG Z Y, XIE H, CAO Y L, et al., 2014. Assessing of distribution, mobility and bioavailability of exogenous Pb in agricultural soils using isotopic labeling method coupled with BCR approach [J]. Journal of Hazardous Materials, 266: 182−188.

HU YC, FROMM J, SCHMIDHALTER U, 2005. Effect of salinity on tissue architecture in expanding wheat leaves [J]. Planta, 220 (6): 838−848.

ISLAM M S, AHMED M K, RAKNUZZAMAN M, et al., 2015. Heavy metal pollution in surface water and sediment: A preliminary assessment of an urban river in a developing country [J]. Ecological Indicators, 48: 282−291.

KIM YH, KHAN AL, WAQAS M, et al., 2014. Silicon application to rice root zone influenced the phytohormonal and antioxidant responses under salinity stress [J]. Plant Growth Regulation, 33, 137−149.

KUHLA J, PAUSCH J, SCHALLE J, 2021. Effect on soil water availability, rather than silicon uptake by plants, explains the beneficial effect of silicon on rice during drought [J]. Plant Cell and Environment, 44, 3336−3346.

KUMPIENE J, LAGERKVIST A, MAURICE C, 2008. Stabilization of As, Cr, Cu, Pb and Zn in soil using amendments − A review [J]. Waste Management, 28: 215−225.

LA V H, LEE B, ZHANG Q, et al., 2019. Salicylic acid improves drought−stress tolerance by regulating the redox status and proline metabolism in Brassica rapa [J]. Horticulture, Environment, and Biotechnology, 60 (1): 31−40.

LI P, SONG A L, LI Z J, et al., 2012. Silicon ameliorates manganese toxicity by regulating manganese transport and antioxidant reactions in rice (*Oryza sativa* L.) [J]. Plant and soil, 354: 407-419.

LI Y, GAO Y, XU X, SHEN Q, et al., 2009. Light - saturated photosynthetic rate in high-nitrogen rice (*Oryza sativa* L.) leaves is related to chloroplastic CO_2 concentration [J]. Journal of Expermental Botany, 60 (8): 2351-2360.

LU Y, DUAN B, LI C, 2007. Physiological responses to drought and enhanced UV-B radiation in two contrasting Picea asperata populations [J]. Canadian Journal of Forest Research, 37 (7): 1253-1262.

MA JF, YAMAJI N, 2015. A cooperative system of silicon transport in plants [J]. Trends Plant Sci, 20: 435-442.

MARKOVICH O, ZEXER N, NEGIN B, et al., 2022. Low Si combined with drought causes reduced transpiration in sorghum Lsi1 mutant [J]. Plant Soil, doi. org/10. 1007/s11104-022-05298-4.

MARTINEZ - VILLEGAS N, FLORES - VELEZ L M, DOMINGUEZ O, 2004. Sorption of lead in soil as a function of pH: a study case in Mexico [J]. Chemosphere, 57: 1537-1542.

MERDY P, GHARBI L T, LUCAS Y, 2009. Pb, Cu and Cr interactions with soil: sorption experiments and modelling [J]. Colloids and Surfaces A Physicochemical and Engineering Aspects, 347: 192-199.

MERRITT K A, AMIRBAHMAN A, 2009. Mercury methylation dynamics in estuarine and coastal marine environments - a critical review [J]. Earth science reviews, 96: 54-66.

MEUNIER J D, BARBONI D, ANWAR-UL-HAQ M, et al., 2017. Effect of phytoliths for mitigating water stress in durum wheat [J]. New Phytologist, 215, 229-239.

MUNNS R, 2002. Comparative physiology of salt and water stress [J]. Plant, Cell & Environment, 25 (2): 239-250.

NING D F, QIN A Z, LIU Z D, et al., 2020. Silicon-mediated physiological and agronomic responses of maize to drought stress imposed at the vegetative and reproductive stages [J]. Agronomy, 10, 1136.

NZIHOU A, SHARROCK P, 2010. Role of Phosphate in the Remediation and

Reuse of Heavy Metal Polluted Wastes and Sites [J]. Waste and Biomass Valorization, 1: 163-174.

OUKARROUM A, E L MADIDI S, STRASSER R J, 2012. Exogenous glycinebetaine and proline play a protective role in heat-stressed barley leaves (*Hordeum vulgare* L.): a chlorophyll a fluorescence study [J]. Plant Biosystems - An International Journal Dealing with all Aspects of Plant Biology, 146: 1037-1043.

PARK E J, JEKNIC Z, CHEN T H, 2006. Exogenous application of glycinebetaine increases chilling tolerance in tomato plants [J]. Plant and Cell Physiology, 47: 706-714.

PARK J H, CHOPPALA G K, BOLAN N S, et al., 2011. Biochar reduces the bioavailability and phytotoxicity of heavy metals [J]. Plant and Soil, 348: 439-451.

PATEL M, FATNANI D, PARIDA A K, 2021. Silicon-induced mitigation of drought stress in peanut genotypes (*Arachis hypogaea* L.) through ion homeostasis, modulations of antioxidative defense system, and metabolic regulations [J]. Plant Physiol. Biochem, 166, 290-313.

RAZA MAS, SALEEM MF, SHAH GM, et al., 2014. Exogenous application of glycinebetaine and potassium for improving water relations and grain yield of wheat under drought [J]. Journal of Soil Science and Plant Nutrition, 14: 348-364.

SOFYA M R, ELHAWAT N, ALSHAAL T, 2020. Glycine betaine counters salinity stress by maintaining high K^+/Na^+ ratioand antioxidant defense via limiting Na^+ uptake in common bean (*Phaseolus vulgaris* L.) [J]. Ecotoxicology and Environmental Safety, 200, 110732.

THAYER J S, BRINCKMAN F E, 1982. The biological methylation of metals and metalloids [J]. Advances in Organometallic Chemistry, 20: 313-356.

WANG W X, VINOCUR B, ALTMAN A, 2003. Plant responses to drought, salinity and extreme temperatures: Towards genetic engineering for stress tolerance [J]. Planta, 218 (1): 1-14.

XU Z Z, ZHOU G S, SHIMIZU H, 2009. Are plant growth and photosynthesis limited by pre - drought following rewatering in grass? [J]. Journal of

Experimental Botany, 60 (13): 3737.

ZHANG C C, WANG J, QING N, et al., 2008. Long - term effect of exogenous silicon on cadmium translocation and toxicity in rice (*Oryza sativa* L.) [J]. Environmental and Experimental Botany, 62: 300-307.

ZHANG H, ZHANG N, YANG R, et al., 2014. Melatonin promotes seed germination under high salinity by regulating antioxidant systems, ABA and GA4 interaction in cucumber (*Cucumis sativus* L.) [J]. Journal of Pineal Research, 57 (3): 269-279.

ZHOU H, ZHOU X, ZENG M, et al., 2014. Effects of combined amendments on heavy metal accumulation in rice (*Oryzasativa* L.) planted on contaminated paddy soil [J]. Ecotoxicology and Environmental Safety, 101: 226-232.

第二章　基于 FvCB 模型分析盐胁迫对棉花光合特性的影响

目前，全球盐渍土面积为 6%（Munns，2008），约 20% 的可耕地已出现盐碱化（Wang et al.，2019），中国耕地面积中约 $9×10^7$ hm² 已盐渍化（杨劲松，2008）。盐碱胁迫是影响农作物生产的主要限制性因子，高浓度的盐碱胁迫会抑制作物的光合作用和生物量的积累，破坏细胞膜结构，降低酶活性，从而打乱作物的生理功能，使得植株生长受到抑制，进而影响产量（王佺珍等，2017）。植物逆境生理研究中盐胁迫对植物光合生理产生的影响是研究热点之一，但盐胁迫对自然界植物光合作用的影响过程十分复杂，且不同作物对盐胁迫的响应也存在较大差异。已有研究多关注盐胁迫对植物叶片净光合速率、电子传递量子效率、非光化学猝灭等荧光参数的影响（杨淑萍等，2010；王庆惠等，2018；Shagufta et al.，2013），缺乏关于盐胁迫对棉花叶片叶肉导度、光合最大羧化速率、最大电子传递速率等参数影响的研究。FvCB 模型和叶绿素荧光的结合可以完善模型中关于电子传递部分的不足之处，提高模型对光合参数估计的准确性。盐胁迫会使植物叶片细胞组织受到损伤，主要分为渗透胁迫和离子毒害，导致植物无法吸收水分，发生生理干旱，抑制生长（Chen et al.，2019），降低生产质量，严重时使细胞代谢水平失衡，甚至死亡。盐分过高会使光合内部机构受损，导致光合速率降低，光合作用受到抑制。鉴于盐胁迫对植物光合作用的影响十分复杂，且不同作物对盐胁迫的响应也存在较大差异。因此，有必要深入探究盐胁迫对植物光合过程的影响，为促进植物适应土壤盐分以及缓解盐分对植物的抑制提供数据支撑。

棉花是全球最主要的农作物之一，也是种植在盐碱地的先锋作物。尽管棉花是具有较高耐盐性的植物，但在恶劣的土壤盐渍条件下，无论是棉花的生长发育还是棉花产量及品质都会受到土壤盐渍影响。随着土壤耕地面积持续减少，棉花已逐渐转移向盐碱地种植，大力提高盐碱条件下棉花产量已成为棉花生产的主攻方向。光合作用是棉花正常运行生理机能及进一步生长发育的基础，盐胁迫对棉花光合生理过程存在诸多负面影响，但其内在的影响机制尚不明晰，这也限制了棉花耐逆缓减技术的发展与实际应用。因此，本研究基于盐碱地棉花生产中亟须解决的问题，深入研究盐分胁迫对棉花叶片光合作用的影响，研究结果对于构建盐碱地棉花光合与生长调控技术，以及产量和品质的提升具有重要意义。

本研究以棉花为研究对象，以 FvCB 生物化学光合模型为研究工具，以深入理解盐分胁迫对棉花叶片光合特性的影响机理为研究目标，研究盐分胁迫对棉花叶片光合特征的影响，分析棉花叶片 Na^+/K^+ 离子与叶片氮含量盐分梯度的响应规律，探讨盐分胁迫对棉花叶片羧化速率、电子传递速率和叶肉导度等光合参数及叶绿素荧光参数的影响，建立棉花叶片光合参数—氮含量—Na^+/K^+ 离子含量间的量化关系，为深入理解盐胁迫对棉花叶片光合作用的影响机理提供理论依据与数据支撑。

第一节　材料与方法

一、试验设计

本试验于 2019 年在中国农业科学院七里营综合试验基地（35.09° N，113.48° E）进行。该区域海拔高度 74 m，属暖温带大陆性气候，四季分明，全年日照约 2 400 h，多年平均气温为 14 ℃，年均降水量为 582 mm。

为了探讨不同环境下盐分胁迫对棉花叶片光合特性的影响，本研究设置了3 组试验，具体试验设计如下。

（一）人工气候室棉花试验

试验在 FYS-20 型号人工气候室内进行。FYS-20 智能人工气候室建成于 2017 年 4 月，面积为 20 m²，制冷剂为 R22，控温范围在 -15~50 ℃，电源电压为 AC380 V，控湿度能力在 40%~90% RH，总功率为 20 kW。该人工气候室可以控制温度、湿度、光照时间和强度、二氧化碳的浓度。人工气候室的昼/夜温度为 28 ℃/25 ℃，湿度为 40%~50%，每日光照时间为 12 h，黑暗12 h，光照强度为 600 μmol/（m²·s）。

以棉花新陆中 37 为供试品种，试验在人工气候室内进行，如图 2-1（a）所示。挑选良好的种子，进行统一的消毒处理。将消毒后的种子种植于装有 800 g 细沙的 PVC 桶（直径 6 cm，高度 24 cm）内。每个桶浇水 200 mL

后播种 3 粒种子，表层覆盖 50 g 沙子并用不透光纸板遮盖 PVC 桶，以保持表层湿润利于种子萌发。培养期按时浇水保持沙子湿润，种子萌发后，取下遮光板，待棉花两片子叶完全展开时，进行定苗。幼苗生长至 1 叶期，开始浇 Hoagland 营养液，营养液 5 d 浇一次，每次 80 mL。Hoagland 营养液的配方为 1 180 mg/L 四水硝酸钙、506 mg/L 硝酸钾、136 mg/L 磷酸二氢钾、693 mg/L 硫酸镁。幼苗生长到 3~4 片真叶时，开始进行 NaCl 盐分胁迫，盐溶液浓度分别为 50 mmol/L、100 mmol/L、150 mmol/L 和 200 mmol/L，以浇灌 Hoagland 营养液作为对照，当处理间植株形态有差异时（胁迫 15 d 后），选取完全展开的新叶进行各项指标的测定。

（二）防雨棚壤土植棉试验

试验在防雨棚下桶栽试验区内进行，如图 2-1（b）所示。桶栽区共用 4 座简易防雨棚，测桶 352 个。测桶由镀锌铁皮制成，桶的尺寸为直径 40 cm，高 60 cm，桶底有排水孔，铺 3 cm 过滤层。将土壤按容重 1.16 g/cm³ 装入测桶内。土壤类型为壤土，黏粒、粉粒和砂粒比例分别为 3.81%、43.14% 和 53.06%；土壤有机质含量为 1.12 g/kg，速效 N、P、K 含量分别为 16.57 mg/kg、11.53 mg/kg 和 145.65 mg/kg。棉花品种为"新陆中 37"。试验共设 5 个盐分处理：0 g/L、2 g/L、4 g/L、6 g/L、8 g/L，每个处理 6 次重复。为使盐胁迫更接近于田间实际，本研究选用采自新疆阿克苏地区的盐壳配置盐溶液。播种前每个测桶施 3 g 复合肥，花铃期追施尿素 3 g。本试验为充分供水，根据灌水上限通过称重来控制灌水量。在棉花苗期选取完全展开的新叶进行各项指标的测定。

（三）防雨棚沙土植棉试验

试验在防雨棚下的桶栽试验区内进行，如图 2-1（c）所示。棉花品种为新陆中 37，试验共 5 个盐分处理：0 g/L、2 g/L、4 g/L、6 g/L、8 g/L，每个处理 4 次重复。沙子按容重 1.38 g/cm³ 装入测桶内。测桶由 PVC 制成，直径 40 cm，高 60 cm，桶底有排水孔，铺 3 cm 过滤层。棉花养分由 Hoagland 营养液提供，营养液配方为：750 mL 溶液一（354.22 g 乙二胺四乙酸一钠铁 + 11.01 g 四水硝酸钙，加一次水配成 22.5 L 溶液）+750 mL 溶液二（81.65 g 磷酸二氢钾 + 89.46 g 氯化钾 + 73.94 g 七水硫酸镁 + 1.855 5 g 硼酸 + 1.338 4 g 四水氯化锰 + 0.172 5 g 七水硫酸锌 + 0.149 8 g 五水硫酸铜 + 0.370 8 g 一水钼酸，加一次水配成 22.5 L 溶液）+18.5 L 一次水配成 20 L 溶液。待棉花长至 3~4 片真叶时开始盐分处理，本研究选用采自新疆阿克苏地区的盐壳配置盐溶液，充分供水。在棉花苗期选取完全展开的新叶进行各项指标的测定。

（a）人工气候室棉花试验　（b）防雨棚壤土植棉试验　（c）防雨棚沙土植棉试验

图 2-1　棉花种植生长（新乡　2019 年）

二、光合模型计算原理

在光照条件下，C_3 植物叶片的净光合速率 $[A, \mu mol\ CO_2/(m^2 \cdot s)]$ 由 3 个同时存在的速率组成，呼吸速率、RuBP 的羧化速率和氧化速率。净光合速率可表示为：

$$A = V_c - V_o - R_d \qquad (2-1)$$

式中，V_c 为 C_3 植物叶片的 RuBP 羧化速率 $[\mu mol\ CO_2/(m^2 \cdot s)]$；$V_o$ 为 C_3 植物叶片的 RuBP 氧化速率 $[\mu mol\ CO_2/(m^2 \cdot s)]$；$R_d$ 为光照下线粒体呼吸速率，即暗呼吸速率 $[\mu mol\ CO_2/(m^2 \cdot s)]$。

其中，R_d 随着光强增加而下降，采用 Kok 法估算。在一定低光强条件下，净光合速率（A）与入射光强度 $[I, mmolphoton/(m^2 \cdot s)]$ 为线性相关关系，R_d 取值为净光合速率（A）对入射光强度（I）的线性回归曲线截距。

因为 RuBP 每氧化 1 mmol O_2 就会释放出 0.5 mmol CO_2，式（2-1）可转化为：

$$A = V_c(1 - 0.5\varepsilon) - R_d \qquad (2-2)$$

式中，ε 为氧化速率与羧化速率的比值，主要由 Rubisco 力学常数决定：

$$\varepsilon = V_o/V_c = (O/c_C) \times ((V_{omax}/K_{mO})/(V_{cmax}/K_{mC})) = (O/C_c) \times (1/S_{C/O}) \qquad (2-3)$$

式中，C_c 为叶绿体细胞羧化部位的 CO_2 浓度（mmol/mol）；O 为叶绿体细胞羧化部位的 O_2 浓度（mmol/mol）；K_{mC} 为羧化（氧化）的米氏常数（μbar）；

K_{mO} 为氧化的米氏常数（mbar）；V_{cmax} 为最大羧化速率 [mmol CO_2/（$m^2 \cdot s$）]；V_{omax} 为最大氧化速率 [mmol CO_2/（$m^2 \cdot s$）]；$S_{C/O}$ 为 Rubisco 特异性因子（mbar/mbar），表征 Rubisco 对 CO_2 和 O_2 的偏好程度 $S_{C/O} = exp[-3.3801 + 5220/298R(T+273)]$。

当 $A = R_d$ 时，表明 RuBP 羧化 CO_2 的消耗速率恰好满足 C_3 植物叶片 RuBP 氧化 CO_2 的释放速率（$V_c = 2V_o$），即 $\varepsilon = 0.5$，此时叶绿体细胞羧化部位的 CO_2 浓度就是叶绿体 CO_2 光合补偿点 Γ_*（mmol/mol）：

$$\Gamma_* = 0.5 \times O/S_{C/O} \tag{2-4}$$

结合式（2-3）和（2-4）：

$$\varepsilon = 2\Gamma_*/C_c \tag{2-5}$$

代入式（2-2）得：

$$A = V_c(1 - 0.5\Gamma_*/C_c) - R_d \tag{2-6}$$

FvCB 模型根据 C_3 植物叶片光合作用中的核酮糖-1，5-二磷酸羧化酶/加氧酶（Rubisco）、核酮糖-1，5-二磷酸（RuBP）和磷酸丙糖利用（TPU）3 个限制阶段，FvCB 模型认为净光合速率（A，μmol CO_2/（$m^2 \cdot s$））由三者的最小值决定：

$$A = min(A_c, A_j, A_p) \tag{2-7}$$

式中，A_c 为 Rubisco 限制阶段净光合速率 [μmol CO_2/（$m^2 \cdot s$）]；A_j 为 RuBP 限制阶段净光合速率 [μmol CO_2/（$m^2 \cdot s$）]；A_p 为 TPU 限制阶段净光合速率 [μmol CO_2/（$m^2 \cdot s$）]。

在 CO_2 浓度较低的时候，RuBP 供应充足，V_c 由 Rubisco 所支持的羧化速率决定，净光合速率主要受 Rubisco 限制，所以净光合速率由 A_c 决定，A_c 可由式（2-9）计算：

$$V_c = \frac{C_c V_{cmax}}{C_c + K_{mC}(1 + O/K_{mO})} \tag{2-8}$$

$$A_c = \frac{(C_C - \Gamma_*) V_{cmax}}{C_c + K_{mC}(1 + O/K_{mO})} - R_d \tag{2-9}$$

植物叶片 V_{cmax} 对环境因子的响应关系是陆地生态系统生产力与碳收支研究的重要方面，V_{cmax} 是表征植物光合能力的重要参数，是光合作用过程中羧化反应这一重要限速反应的速率，对光合速率起着决定作用（张彦敏等，2012）。

随着 CO_2 浓度升高，Rubisco 支持的羧化速率超过了 RuBP 供应速率，羧化速率受 RuBP 再生速率的限制，此时 V_c 受 RuBP 再生速率的限制，A_j 由 RuBP 再生速率所决定，后者又由电子传递速率 $[J,\ mmol\ CO_2/(m^2 \cdot s)]$ 决定。A_j 可由式（2-11）计算：

$$V_c = \frac{C_c J}{4\,C_c + 8\,\Gamma_*} \tag{2-10}$$

$$A_j = \frac{(C_c - \Gamma_*)\,J}{4\,C_c + 8\,\Gamma_*} - R_d \tag{2-11}$$

式（2-11）中，假设 RuBP 再生受到 NADPH（还原性辅酶Ⅱ）不足的限制，并暗示 100% 线性电子传递，即用于碳还原和光呼吸的非环式电子通量。还有一种假设 ATP（腺嘌呤核苷三磷酸）是不够的，则 C_c 和 Γ_* 前的系数取值分别为 4.5 和 10.5，暗示 LET（线性电子传递）中有一些假环式电子传递，这说明非环式电子传递不全用于碳还原和光呼吸。C_c 和 Γ_* 前的系数根据 RuBP 再生受限于 NADPH 还是 ATP 而定，但具有不确定性。这两种形式是由于对非环式电子传递的运行和合成 ATP 所需的质子数（H^+）的不同假设造成的。

电子传递速率（J）取决于叶绿体吸收的入射光强度（I）。最常见的光照强度与电子传递速率的关系是非直角双曲线经验模型，J 是一元二次方程 $\theta J^2 - (\alpha I + J_{max})J + \alpha I J_{max} = 0$ 的根：

$$J = \frac{\alpha I + J_{max} - \sqrt{(\alpha I + J_{max})^2 - 4\theta J_{max} \alpha I}}{2\theta} \tag{2-12}$$

式中，J_{max} 为最大电子传递速率 $[mmol\ CO_2/(m^2 \cdot s)]$，是研究植物发生核酮糖 1, 5-二磷酸（RuBP）再生速率限制阶段的一个关键参数（叶子飘等，2018），估算植物叶片的 J_{max} 对研究植物叶片光呼吸过程在光保护中的作用是非常必要的（康华靖等，2015）；α 是光合色素所吸收的光与入射光的比例，取值为 0.24（Harley et al.，1992）；θ 是无量纲的电子传递速率对入射光强度响应的凸性因子，θ 取值为 0.8（Yin et al.，2015）。

除了 A_c 和 A_j 的限制外，当光合磷酸化超过了淀粉和蔗糖的合成速率的时候，羧化速率受 TPU 速率的限制，此时净光合速率 A_p 为：

$$A_p = 3\,T_p - R_d \tag{2-13}$$

式中，T_p 为 TP 利用速率 $[mmol/(m^2 \cdot s)]$。

然而，磷酸丙糖转运限制阶段在外界很少发生。

（一）叶肉导度估算

在叶片光合过程中，CO_2 要克服很多阻力才能到达叶绿体内部的羧化部位。在早期的光合作用研究中，认为从气孔下腔到叶绿体羧化位点的叶肉导度 $[g_m,\text{mol}/(\text{m}^2\cdot\text{s}\cdot\text{bar})]$ 趋近于无穷大。基于这种假设，在 FvCB 生化模型中，把叶肉细胞阻力设为"0"，叶绿体羧化位点的 CO_2 浓度（C_c）采用胞间 CO_2 浓度（C_i）代替。然后，随后的诸多研究发现，植物的叶肉导度并不是无穷大（Caemmerer et al.，1991；Harley et al.，1992；Evans et al.，1996）。

根据 Fick 第一扩散定律：

$$A = g_m(C_i - C_c) \tag{2-14}$$

式中，g_m 为叶片叶绿体中 CO_2 浓度受限而影响光合速率的重要参数，可用于光合效率限制因素分析。陆地植物 g_m 的变化范围为 $0 \sim 0.6 \text{ mol}/(\text{m}^2\cdot\text{s}\cdot\text{bar})$，与气孔导度的变化范围相差不大（Flexas et al.，2012；Li et al.，2013）。

将式（2-14）与式（2-11）结合得出：

$$J = A\frac{4(C_i - A/g_m + 2\Gamma_*)}{C_i - A/g_m - \Gamma_*} \tag{2-15}$$

该方程适用于任何假设限制的光合作用，因此可以用于光饱和时电子传递限制阶段或其他限制阶段。从气体交换分析中估算 g_m，假设 J 随着 CO_2 分压的变化是恒定的，即常量 J 法。常数 J 法的优点是它可以基于气体交换的多个测量值，减少了单个测量值误差的影响。

（二）温度依赖性

光合作用是一个生物化学过程，具有温度依赖性，为了考虑测量过程中温度变化的影响，引入温度响应函数，将关键参数的估计调整到相同的参考温度，以便处理之间的比较分析。早期研究曾使用过多种形式的方程来描述 FvCB 模型参数对温度的响应，例如多项式（Kirschbaum et al.，1984；Mcmurtrie et al.，1993）、指数函数（Bernacchi et al.，2002；Medlyn et al.，2002）、温度敏感性（Niinemets et al.，2015）和正态分布函数（June et al.，2004）。经过多次计算，R_d 和二磷酸核酮糖羧化酶动力学特性的温度响应（V_{cmax} 和 K_{mC}、K_{mO}）采用式（2-16）函数描述，J_{max} 温度响应用峰值 Arrhenius 函数方程（2-17）来描述，在 25 ℃时对其值进行归一化处理。FvCB 模型参数的温度依赖性可以表示为：

$$X = X_{25\,℃}\; e^{\{c - E_X/[R(T+273)]\}} \tag{2-16}$$

$$X = X_{25\,℃}\; e^{\{(T-25)E_X/[298R(T+273)]\}}\; \frac{1 + e^{(298S_X - D_X)/(298R)}}{1 + e^{[(T+273)S_X - D_X]/[R(T+273)]}} \tag{2-17}$$

式中，X 表示每个参数的绝对值；$X_{25\,℃}$ 是每个参数在 25 ℃的绝对值

（R_{d25}、V_{cmax25}、K_{mC25}、K_{mO25}、J_{max25}）；E_X 为各参数（E_{R_d}、$E_{V_{cmax}}$、$E_{K_{mC}}$、$E_{K_{mO}}$、$E_{J_{max}}$）的活化能；S_X 和 D_X 分别为熵项和失活化能；T 为叶片温度（℃）；R 是摩尔气体常数 [J/（K·mol）]；c 为一个缩放系数。

由于 Rubisco 的动力学性质在 C_3 物种中普遍被认为是恒定的，K_{mC25}，K_{mO25}，$E_{K_{mC}}$ 和 $E_{K_{mO}}$ 值都为固定值（Bernacchi et al., 2002）。为了避免过度参数化，E_{R_d} 固定在 46 390 J/mol（Bernacchi et al., 2002）；$S_{J_{max}}$ 和 $D_{J_{max}}$ 分别固定在 650 J/（K·mol）（Harley et al., 1992）和 200 000 J/mol（Medlyn et al., 2002）。

三、测定项目及方法

（一）叶片光合作用参数与 CO_2 响应及光响应曲线

在棉花的苗期，采用 Li6400XT（美国）光合作用测定系统测定棉花完全展开叶片的光合参数。防雨棚试验的光合测定时间选择在 9：30—11：30，同时天气应保持晴朗无风；人工气候室试验的光合测定在 9：30 以后开始测定。测定时的光强固定为 1 600 μmol/（m²·s），CO_2 浓度固定为 400 μL/L。同时采用 Li6400XT 光合仪测定棉花苗期最新完全展开叶的 CO_2 响应曲线和光响应曲线，每个处理重复 3 次。测定 CO_2 响应曲线时，叶室内置光强固定为 1 600 μmol/（m²·s），CO_2 梯度设为：400 μmol/mol、300 μmol/mol、200 μmol/mol、100 μmol/mol、50 μmol/mol、400 μmol/mol、400 μmol/mol、600 μmol/mol、800 μmol/mol、1 000 μmol/mol、1 200 μmol/mol、1 600 μmol/mol、1 800 μmol/mol 和 2 000 μmol/mol。测定光响应曲线时，CO_2 浓度固定为 400 μmol/mol，光强梯度设为：1 800 μmol/（m²·s）、1 600 μmol/（m²·s）、1 500 μmol/（m²·s）、1 400 μmol/（m²·s）、1 200 μmol/（m²·s）、1 000 μmol/（m²·s）、800 μmol/（m²·s）、600 μmol/（m²·s）、400 μmol/（m²·s）、200 μmol/（m²·s）、150 μmol/（m²·s）、100 μmol/（m²·s）、50 μmol/（m²·s）、20 μmol/（m²·s）和 0 μmol/（m²·s）。

（二）荧光参数及荧光动力学曲线

在测定光合作用的同时，使用 MINI PAM（德国）荧光仪测定相同棉花叶片的叶绿素荧光参数，采用暗适应夹具对叶片进行暗适应处理 30 min，暗适应完成后，连接光纤、叶夹和主机，开始测定棉花叶片初始荧光（F_o）、最大荧光（F_m）、可变荧光（F_v）、稳态荧光（F_s），以及光适应下的最大荧光（F'_m）和最小荧光（F'_o）等参数；测定荧光动力学曲线时，将叶片用暗适应夹进行暗处理 20 min 以上，设置光化光照时间和荧光动力学曲线延迟时间，然后开始测量曲线。荧光参数计算方法如下。

$$F_v / F_s = (F_m - F_o) / F_m \qquad (2-18)$$
$$Y(\text{II}) = (F'_m - F_s) / F'_m \qquad (2-19)$$
$$qP = (F'_m - F_s) / (F'_m - F'_o) \qquad (2-20)$$
$$NPQ = (F_m - F'_m) / F'_m \qquad (2-21)$$
$$qN = (F'_m - F'_o) / (F_m - F_o) \qquad (2-22)$$

式中，F_v / F_s 为最大光化学效率，PS II 的潜在最大量子产量即光合能力，可反映 PS II 复合体的活性；$Y(\text{II})$ 为实际光化学效率，任一光照状态下 PS II 的实际量子产量；qP 为光化学猝灭参数，由光合作用引起的荧光猝灭，可反映光合反应中心的活性；NPQ 和 qN 为非光化学猝灭参数，反映植物的光保护能力。

(三) 叶片离子和氮含量测定

棉花叶片的荧光参数和响应曲线测定完成后，取测定叶片，放入烘箱 105 ℃杀青 30 min 后，75 ℃烘干叶片，24 h 后取出，将叶片研磨成粉末状，每个样品按实验要求称量所需重量，采用 $H_2SO_4-H_2O_2$ 消煮。用 AA3 流动分析仪（德国）测定消煮后的样品中氮含量，采用火焰光度计测定棉花叶片中 Na^+/K^+ 含量。

第二节　盐胁迫对棉花叶片叶绿素荧光参数的影响

一、盐胁迫对气候室棉花叶片叶绿素荧光参数的影响

图 2-2 给出了盐胁迫对气候室桶栽棉花叶片最大荧光（F_m）和最小荧光（F_o）的影响。F_o 表征暗适应后所有开放状态下的 PS II 反应中心的荧光产量，即最小荧光；F_m 代表暗适应下饱和脉冲处理后无法进行光合状态下的 PS II 反应中心的荧光产量，即最大荧光。在不同盐分浓度下，F_m 随着盐分浓度上升先升后降，F_o 则逐渐下降。与 CK 相比，50 mmol/L 的盐分处理的 F_m 略有升高，但与 CK 的差异不显著；100 mmol/L、150 mmol/L 和 200 mmol/L 的盐分处理的 F_m 则显著降低。而各盐分处理则显著降低了棉花叶片的 F_o。

图 2-3 给出了盐胁迫下棉花叶片的非光化学猝灭（qN、NPQ）、光化学猝

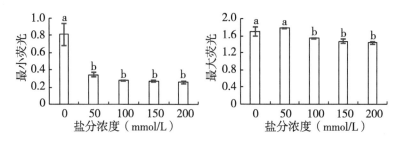

图2-2　盐胁迫对棉花叶片光合最大荧光（F_m）和最小荧光（F_o）的影响（2019）

灭（qP）参数的变化趋势。qP 代表开放状态下的 PSⅡ反应中心进行光合所占的比例；qN 和 NPQ 与光化光照射叶片时产生膜质子梯度和玉米黄质的非光化学淬灭相关。盐分胁迫条件下，qN 和 NPQ 变化趋势大致相同，均随盐分浓度的增加逐渐升高，qP 则与之相反。与 CK 相比，qN 受盐分的影响并不显著；NPQ 则在 150 mmol/L 和 200 mmol/L 盐分处理下显著升高；当盐浓度高于 100 mmol/L 时，qP 显著降低。表明盐胁迫下植物通过增强耗散过剩光能为热的能力，来保护 PSⅡ复合体的活性维持正常生长。

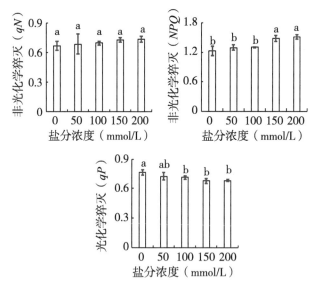

图2-3　盐胁迫对棉花叶片非光化学淬灭（qN、NPQ）、
光化学淬灭（qP）参数的影响

　　图 2-4 给出了气候室桶栽棉花叶片 PSⅡ的最大光合效率（F_v/F_m）、实际光合效率［Y（Ⅱ）］和过剩光能［$(1-qP)/NPQ$］对盐胁迫的响应。F_v/F_m与 Y（Ⅱ）都是表征 PSⅡ将吸收的光能转化成化学能的效率。盐胁迫对棉花叶片的这 3 个参数产生不同的影响，其中，F_v/F_m对盐胁迫比较敏感，在 50 mmol/L 盐分处理下显著下降，且 50 mmol/L、100 mmol/L 盐分处理与 200 mmol/L 盐分处理间存在显著差异。Y（Ⅱ）则在 150 mmol/L 和 200 mmol/L 盐分处理显著下降。$(1-qP)/NPQ$随着盐分浓度的增加而逐渐上升，与 CK 相比，50 mmol/L 和 100 mmol/L 盐分处理的 $(1-qP)/NPQ$ 没有显著增加，但 150 mmol/L 和 200 mmol/L 盐分处理的 $(1-qP)/NPQ$ 则显著增加。

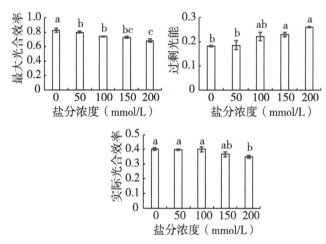

图 2-4　盐胁迫对棉花叶片光系统Ⅱ（PSⅡ）的最大光合效率（F_v/F_m）、实际光合效率［Y（Ⅱ）］和过剩光能［$(1-qP)/NPQ$］的影响

　　0~100 mmol/L 盐分处理下，气候室棉花叶片的 qN 和 NPQ、$(1-qP)/NPQ$ 等参数上升，表明盐胁迫下植物通过增强耗散过剩光能为热的能力，来保护 PSⅡ复合体的活性维持正常生长；100~200 mmol/L 盐分处理下 F_v/F_m、Y（Ⅱ）参数发生显著下降，PSⅡ复合体的活性受到损害，棉花通过进一步增强耗散过剩光能为热的能力已经无法维持棉花叶片内的线性电子的正常传递，PSⅡ受到损伤，净光合速率发生显著下降，植物生长受到抑制，这与赵跃锋等（2018）的研究结果一致。

二、盐胁迫对防雨棚棉花叶片叶绿素荧光参数的影响

图2-5给出了不同土壤环境盐胁迫对棉花叶片最大荧光（F_m）和最小荧光（F_o）的影响。不同土壤环境下，盐胁迫对F_m和F_o的影响变化趋势大致相同，均随着盐分浓度上升而上升。壤土条件下，8 g/L盐分处理的F_o显著高于其他处理，F_m则在4 g/L盐分处理下显著增加。沙培条件下，盐胁迫对F_o没有明显影响，而F_m受盐分影响比较显著，与CK相比，盐分处理下F_m显著上升，而2 g/L、4 g/L和6 g/L盐分处理间无明显差异，8 g/L盐分处理与CK、2 g/L差异显著。

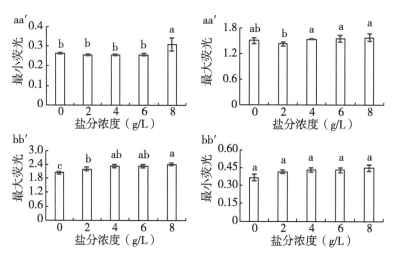

图2-5 盐胁迫对棉花叶片光合最大荧光（F_m）和最小荧光（F_o）的影响

（aa′为壤土，bb′为沙子）

图2-6给出了不同土壤环境下盐胁迫对棉花叶片非光化学猝灭（qN、NPQ）、光化学猝灭（qP）参数的影响。盐胁迫下，qN、NPQ、qP在不同土壤环境变化趋势相似。在壤土条件下，与CK相比，盐分处理对qN、NPQ、qP的影响不显著。沙培条件下，与CK相比，盐胁迫对qP影响不明显，但对qN、NPQ有显著影响，8 g/L盐分处理显著增加了qN，而NPQ在4 g/L盐分处理时明显上升，且8 g/L盐分处理与CK、2 g/L差异显著。

图2-7给出了盐胁迫对不同土壤环境下盐胁迫对棉花叶片PSⅡ的最大光合效率（F_v/F_m）、实际光合效率 [Y（Ⅱ）] 和过剩光能 [（$1-qP$）/NPQ]

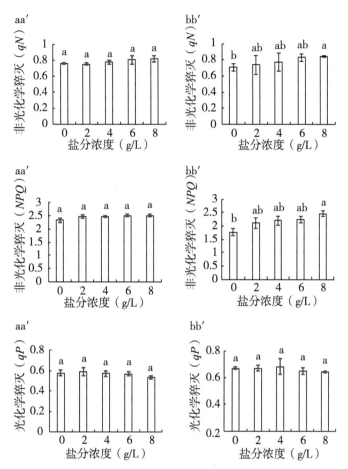

图 2-6 盐胁迫对棉花叶片非光化学猝灭（qN、NPQ）、

光化学猝灭（qP）参数的影响

（aa′为壤土，bb′为沙子）

的影响。壤土条件下，盐胁迫对棉花叶片 F_v/F_m 影响不显著，而 $Y(Ⅱ)$ 和 $(1-qP)/NPQ$ 在不同土壤环境下随盐分处理的变化趋势不同。壤土条件下，$(1-qP)/NPQ$ 和 $Y(Ⅱ)$ 随盐分浓度的增加无明显变化；沙培条件下，$Y(Ⅱ)$ 和 $(1-qP)/NPQ$ 随盐分浓度的上升呈逐渐下降的趋势，与 CK 相比，4 g/L 盐分处理对 $Y(Ⅱ)$ 有显著影响，而 $(1-qP)/NPQ$ 在 6 g/L 盐分处理发生显著下降。

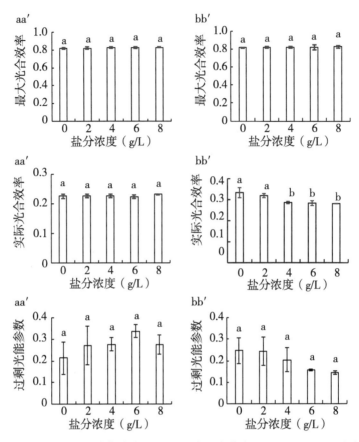

图2-7　盐胁迫对棉花叶片 PSⅡ的最大光合效率（F_v/F_m）、实际光合

效率 [Y（Ⅱ）] 和过剩光能参数 [（$1-qP$）/NPQ] 的影响

（aa′为壤土，bb′为沙子）

第三节　盐胁迫对棉花叶片光合参数的影响

一、盐胁迫对气候室棉花叶片光合参数的影响

盐胁迫会抑制植物的生长，且盐胁迫程度越高抑制程度越明显（贺少轩等，2009）。王庆惠等（2016）研究提出，盐分胁迫会使植物细胞质膜受到破坏，从而引起渗透胁迫，致使植物根系吸收受阻、叶肉细胞运输 CO_2 速率下

降，导致光合作用减弱。处于逆境条件下的植物，为减少蒸腾而关闭气孔，阻碍了 CO_2 进入叶片，影响了 CO_2 参与羧化反应，降低了植物的净光合速率（Farquhar et al.，1982）；齐学礼等（2008）研究表明，盐胁迫会降低植物消耗 CO_2 的总量、过剩光能会导致植物产生光抑制，严重时还会破坏光合机构，从而使植物光合作用下降。

由图 2-8 可以看出，在不同盐分浓度下，棉花叶片光合的最大羧化速率（V_{cmax}）和最大电子传递速率（J_{max}）的变化趋势大致相同。与 CK 相比，50 mmol/L 和 100 mmol/L 盐分处理增加了 V_{cmax} 和 J_{max} 值；说明较低盐分浓度有利于提高 Rubisco 的合成和加快 RuBP 再生速率，这与前人在其他作物上研究结果一致（杨少辉等，2006；孙璐等，2012），原因可能是适量浓度的盐胁迫改变了脯氨酸含量（Sharif et al.，2019），同时加快 Rubisco 蛋白质的合成、提高 Rubisco 活性，进而促进光合作用，并调节光合系统的电子传递过程（吾木提汗，2011）。而 150 mmol/L 和 200 mmol/L 盐分处理则显著降低了 V_{cmax} 和 J_{max}，这表明盐分浓度大于 150 mmol/L 时，植物体内 Rubisco 的羧化功能和 RuBP 再生速率显著下降，PS Ⅱ 和酶系统受到损伤（边甜甜等，2019）。V_{cmax} 和 J_{max} 均具有较强的温度依赖性，测量过程中温度的变化会对其产生影响。随盐分浓度的增加，最优温度条件下计算的最大羧化速率（V_{cmax25}）和最大电子传递速率（J_{max25}）与实际叶温下观测的 V_{cmax} 和 J_{max} 变化趋势基本一致，但同一盐分处理下的观测值大于计算值。相比之下，V_{cmax} 和 J_{max} 受盐胁迫的影响更为明显。

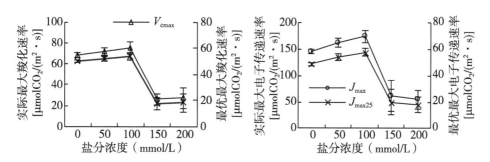

图 2-8　盐胁迫对棉花叶片光合最大羧化速率（V_{cmax}）

和最大电子传递速率（J_{max}）的影响

由图 2-9 可以看出，盐胁迫下棉花的叶肉导度（g_m）随盐分浓度的升高而逐渐降低；盐分浓度低于 100 mmol/L 时，其对 g_m 的影响不显著，但当盐分浓度高于 150 mmol/L 时，盐分胁迫显著降低了 g_m。通过线性回归分析可知，盐分浓度与叶肉导度间的相关性较高，R^2 为 0.756。盐分胁迫有降低叶片暗呼吸速率（R_d）的趋势。与 CK 处理相比，当盐分浓度 ≥50 mmol/L 时，盐分胁迫显著降低了 R_d，但 100 mmol/L、150 mmol/L 与 200 mmol/L 间的差异并不显著。盐分浓度与 R_d 呈显著负相关关系，R^2 为 0.730。

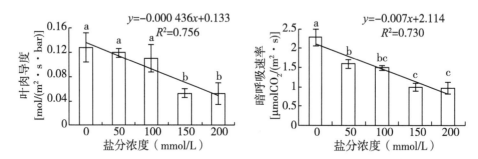

图 2-9 盐胁迫对棉花叶片叶肉导度（g_m）和暗呼吸速率（R_d）的影响

图 2-10 给出了盐胁迫对棉花叶片气孔导度（g_s）和蒸腾速率（Tr）的影响。g_s 和 Tr 随着盐分浓度显著下降，与 CK 相比，50~200 mmol/L 盐分处理显著降低了 g_s 和 Tr；50 mmol/L 和 100 mmol/L 盐分处理之间无显著，150 mmol/L 和 200 mmol/L 盐分处理之间也无显著差异，当盐分浓度 ≤100 mmol/L 却与大于 100 mmol/L 盐分处理存在显著差异。通过线性回归分析可知，g_s、Tr 和盐分浓度均呈负相关关系，R^2 分别为 0.791 和 0.782。

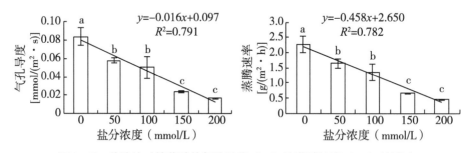

图 2-10 盐胁迫对棉花叶片气孔导度（g_s）和蒸腾速率（Tr）的影响

由图 2-11 可以看出，盐分胁迫显著降低了棉花叶片的净光合速率（Pn）。CK 处理的 Pn 与其他盐分处理间存在显著差异，且 50 mmol/L、100 mmol/L 与 150 mmol/L、200 mmol/L 盐分处理间的 Pn 也存在显著差异。Pn 与盐浓度呈显著负相关关系，R^2 为 0.732。

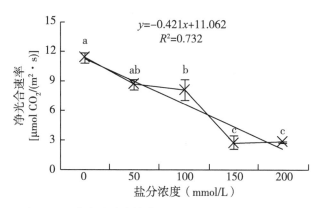

图 2-11　盐胁迫对棉花叶片净光合速率（*Pn*）的影响

二、盐胁迫对防雨棚棉花光合参数的影响

由图 2-12 可以看出，在不同盐分浓度下，棉花叶片光合的最大羧化速率（V_{cmax}）和最大电子传递速率（J_{max}）的变化趋势大致相同，但不同土壤环境下，棉花叶片的 V_{cmax} 和 J_{max} 随盐分浓度变化不同。壤土条件下，V_{cmax} 和 J_{max} 随着盐分浓度先增后减，与 CK 相比，4 g/L 盐分处理增加了 V_{cmax} 和 J_{max}，6 g/L 和 8 g/L 盐分处理则降低了 V_{cmax} 和 J_{max}，但与 CK 并无明显差异。沙培条件下，盐分胁迫显著降低了 V_{cmax} 和 J_{max}，但随着盐分浓度的上升，处理间的 V_{cmax} 和 J_{max} 无显著差异。随盐分浓度的增加，最优温度下计算的最大羧化速率（V_{cmax25}）和最大电子传递速率（J_{max25}）与实际叶温下观测的 V_{cmax} 和 J_{max} 变化趋势基本一致，但同一盐分处理下的观测值大于计算值。相比之下，V_{cmax} 和 J_{max} 受盐胁迫的影响更为明显。

由图 2-13 可以看出，不同土壤环境下棉花的叶肉导度（g_m）随盐分浓度的上升变化趋势基本一致，且与盐分浓度相关性较高，通过回归分析可知，g_m 与盐分浓度呈非线性相关关系，可以用二次曲线进行拟合，R^2 分别为 0.903 和 0.803。而暗呼吸速率（R_d）在不同土壤环境下对盐分浓度响应不同，壤土条件下，盐分胁迫对 R_d 的影响不显著，与盐分浓度呈二次曲线相关关系，R^2 为 0.654。沙培条件下，R_d 随着盐分浓度逐渐下降，与 CK 相比，4 g/L、6 g/L 和 8 g/L 盐分处理的 R_d 显著降低，盐分浓度与 R_d 的相关性较高，R^2 为 0.878。

图 2-14 给出了盐胁迫下不同土壤环境棉花叶片气孔导度（g_s）和蒸腾速

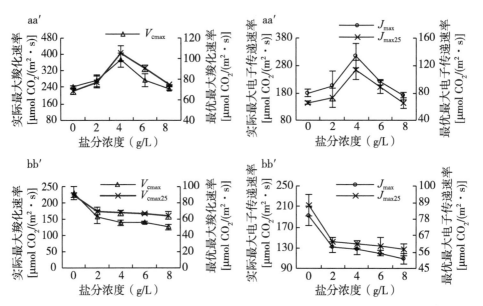

图 2-12 盐胁迫对棉花叶片光合最大羧化速率（V_{cmax}）和最大电子传递速率（J_{max}）的影响

（aa′为壤土，bb′为沙子）

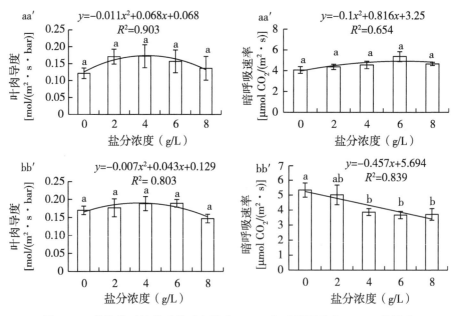

图 2-13 盐胁迫对棉花叶片叶肉导度（g_m）和暗呼吸速率（R_d）的影响

（aa′为壤土，bb′为沙子）

率（Tr）的变化趋势。两种土壤环境下，g_s 和 Tr 随着盐分浓度变化基本一致，均随盐分浓度的增加呈先升后降的变化趋势。壤土条件下，g_s 和 Tr 在 2 g/L 处显著上升；沙培条件下，盐胁迫对 Tr 无显著影响，g_s 在 8 g/L 盐分处理处显著下降。

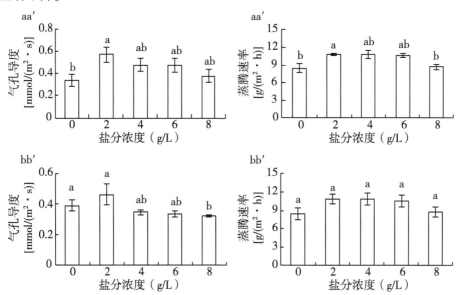

图 2-14 盐胁迫对棉花叶片气孔导度（g_s）和蒸腾速率（T_r）的影响

（aa′为壤土，bb′为沙子）

图 2-15 给出了不同土壤环境下盐胁迫对棉花叶片的净光合速率（Pn）的影响。盐胁迫下对不同土壤环境的棉花叶片 Pn 产生不同变化趋势；壤土条件下，Pn 随盐浓度的增加呈先升后降的变化趋势，但差异并不显著；而在沙培条件下，Pn 随盐浓度的增加呈逐渐下降趋势，且在 8 g/L 显著降低。通过回归分析可知，沙培条件下，Pn 与盐分浓度的 R^2 为 0.894；壤土条件下，Pn 与盐分浓度的 R^2 为 0.924。

沙培棉花叶片的净光合速率和气孔导度随盐分浓度上升发生显著下降，这说明在 8 g/L 盐分处理下净光合速率主要受气孔导度影响，棉花叶片光合受气孔限制，这与郑国琦等（2002）的研究结果相似。而防雨棚壤土棉花试验中光合参数与沙培试验结果不同，这可能是盐分胁迫对棉花的抑制效应受土壤的质地、理化性质及土壤含水量的影响（季泉毅，2015）。

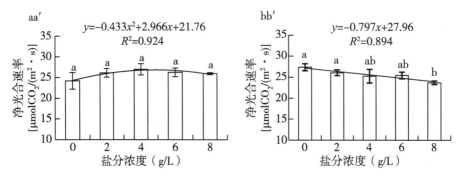

图 2-15　盐胁迫对棉花叶片净光合速率的影响

（aa′为壤土，bb′为沙子）

三、叶肉导度对 FvCB 模型模拟净光合速率的影响

由图 2-16 可以看出考虑叶肉导度和不考虑叶肉导度对 FvCB 模型模拟结果的影响，两种方法均能较好地模拟盐胁迫下棉花叶片的光合速率。实际净光合速率（A）和考虑叶肉导度计算净光合速率（A_1）随着盐分浓度升高而降低，变化趋势基本一致，然而，忽略叶肉导度计算净光合速率（A_2）在 100 mmol/L 盐分处理时净光合速率比 50 mmol/L 盐分处理的值更高。同时考虑叶肉导度将决定系数从 0.88 提高至 0.91，将平均绝对误差从 27.7% 降低至 26.92%。

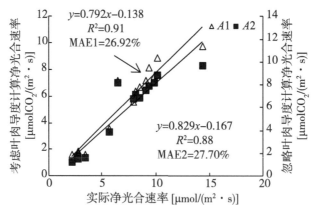

图 2-16　FvCB 模型预测的净光合速率与实际净光合速率的关系

以往关于 FvCB 模型的研究多采用 C_i 代替 C_c，致使光合参数被低估，产生较大的误差（Sun et al.，2014）。由于植物的光合速率会受 CO_2 浓度限制，

故叶肉导度（g_m）可用于表征 CO_2 传递对光合性能的影响，正确了解植物 g_m 及其影响因素将有利于深入认知植物光合过程。本研究表明，引入 g_m，采用 FvCB 模型计算出的净光合速率（A_1）与实测净光合速率（A）拟合曲线的一致性和相关性增大，平均绝对误差减小，提高了模型模拟的精确性。Ethier et al.（2004）研究得出了与之相似的结论。

第四节　盐胁迫下棉花叶片离子含量与光合参数间的关系

盐分胁迫下，植物叶片内 Na^+ 含量随盐分浓度变化而发生变化，但不同环境胁迫下植物对 Na^+ 的吸收策略存在差异。而 K^+ 作为植物中含量最多的阳离子之一，在细胞的渗透调节中起着重要作用。盐胁迫下，植物细胞体内的 K^+ 的保有能力是对盐胁迫响应的重要特征之一（孙健等，2010）。

一、气候室棉花试验结果分析

图 2-17 给出了盐胁迫下棉花叶片 K^+、Na^+ 含量的变化趋势。随着盐分浓度上升，K^+ 逐渐下降，而 Na^+ 则逐渐上升。与 CK 相比，盐分处理显著降低了棉花叶片的 K^+ 含量，提高了叶片的 Na^+ 含量。说明盐胁迫已经打破了植物细胞体内钠钾离子平衡。外界钠离子浓度过高，抑制植物吸收钾离子，随着盐分浓度上升，叶片 K^+/Na^+ 比值逐渐下降，植物叶片气孔导度、叶肉导度、净光合速率逐渐下降，这与魏建芬等（2020）研究结果一致。通过线性回归可知，棉花叶片 K^+、Na^+ 含量与盐分浓度相关性较高，R^2 分别为 0.912 和 0.985。

图 2-18 给出了盐胁迫下棉花叶片 K^+/Na^+ 比值与光合关键参数的关系。对叶片 K^+/Na^+ 比值和光合参数进行相关性分析，g_m、V_{cmax} 和 J_{max} 与叶片 K^+/Na^+ 比值均呈二次曲线相关关系，V_{cmax} 和 J_{max} 与叶片 K^+/Na^+ 比值的决定系数 R^2 差别不大分别为 0.716 和 0.705，但 g_m 与叶片 K^+/Na^+ 比值的决定系数 R^2 明显大于 V_{cmax} 和 J_{max} 的，为 0.861。

二、防雨棚棉花试验结果分析

由图 2-19 可知，不同土壤环境下，棉花叶片 K^+、Na^+ 含量随盐分胁迫呈现不同的变化趋势。两种土壤环境下，CK 处理棉花叶片的 K^+ 和 Na^+ 含量基本

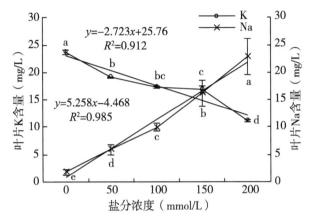

图 2-17　盐胁迫对棉花叶片 K^+、Na^+ 含量的影响

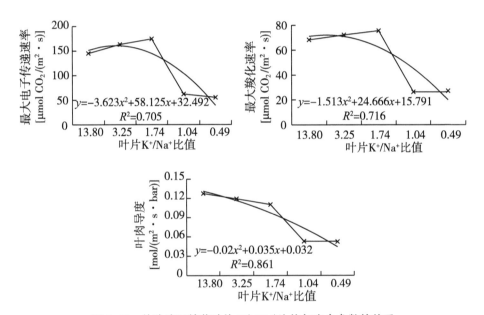

图 2-18　盐胁迫下棉花叶片 K^+/Na^+ 比值与光合参数的关系

相同；但沙培棉花叶片的 Na^+ 含量在盐胁迫影响下逐渐上升，比壤土处理的 Na^+ 含量高。表明棉花会通过采取吸收 K^+，排出 Na^+ 机制以保证植物叶片细胞内维持正常水平的 Na^+，在叶片中 K^+ 是主要的渗透调节物质，这与孙健等（2010）研究结果相似。壤土条件下，叶片 K^+ 和 Na^+ 含量随盐分浓度先升后降，Na^+ 含量在 4 g/L 盐分处理发生下降，K^+ 含量则在 6 g/L 盐分处理降低，

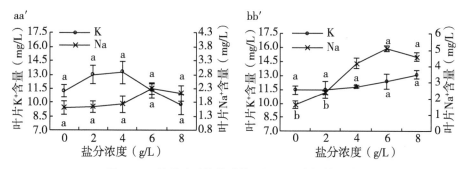

图 2-19　盐胁迫对棉花叶片 K⁺、Na⁺ 含量的影响

(aa′ 为壤土，bb′ 为沙子)

但两种离子含量随盐分浓度变化不显著；沙培条件下，叶片 K⁺ 和 Na⁺ 含量对盐分浓度响应不同，K⁺ 含量在盐分胁迫下无明显变化，而 Na⁺ 含量在盐分胁迫下显著上升。沙培棉花叶片的 Na⁺ 含量在 4 g/L 处发生显著上升，K⁺ 含量持续上升趋势，棉花叶片气孔导度、净光合速率却在 8 g/L 发生显著下降，这可能是由于钠钾离子含量变化导致气孔保卫细胞中 K⁺ 与相伴随的阴离子浓度发生变化，从而引起气孔运动发生改变（曹慧等，2008），使气孔导度显著下降，净光合速率减小。

盐分胁迫条件下，植物体内钠钾离子含量发生变化，使叶片的 PSII 反应中心受到了损伤，电子传递受到抑制，内在活性降低（马梦茹，2018），导致植物光合羧化速率、电子传递速率等光合参数受到影响发生变化，同时 CO_2 从外界到植物叶片气孔下腔再到叶绿体羧化位点的整个运输路径受到损伤，会加大 CO_2 的扩散阻力（梁星云等，2017），叶肉导度等参数减小。但有研究发现盐胁迫对最大羧化速率和最大电子传递无显著影响（James et al.，2008）。

图 2-20 给出了盐胁迫下不同土壤环境的棉花叶片 K⁺、Na⁺ 含量与光合参数的关系。通过回归性分析可知，盐胁迫下两种土壤条件下叶片的 g_m、V_{cmax} 和 J_{max} 与叶片 K⁺/Na⁺ 比值均呈曲线相关，且相关性较高。壤土棉花叶片的 V_{cmax} 和 J_{max} 与叶片 K⁺/Na⁺ 比值的 R^2 较小，分别为 0.665 和 0.687，g_m 与叶片 K⁺/Na⁺ 比值的相关性较好，R^2 为 0.903，大于 V_{cmax} 和 J_{max} 的决定系数；而沙培棉花叶片的 g_m、V_{cmax} 和 J_{max} 与叶片 K⁺/Na⁺ 比值的决定系数呈相反趋势，V_{cmax} 的 R^2 最大，为 0.926，g_m 的 R^2 最小，为 0.847。

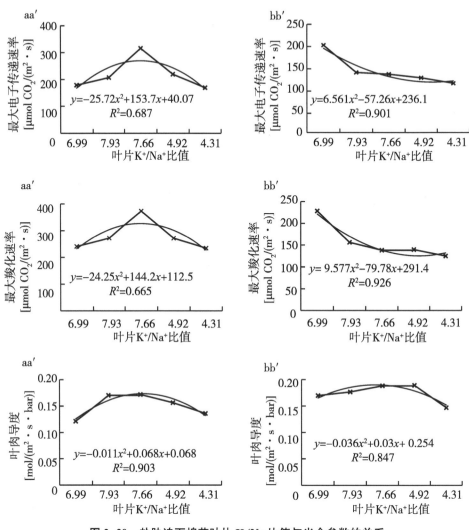

图 2-20 盐胁迫下棉花叶片 K/Na 比值与光合参数的关系

(aa′为壤土，bb′为沙子)

第五节 棉花叶片净光合速率—氮含量— K^+/Na^+ 间的相关关系

表 2-1 给出了气候室棉花叶片净光合速率—氮含量— K^+/Na^+ 间的相关关

系。通过多元回归分析可知，净光合速率（y）与叶片氮含量（X_1）、K^+/Na^+ 值（X_2）存在多元线性相关关系，回归方程为 $y = 3.964 X_1 - 1.091 X_2 - 101.415$，拟合参数见表 2-1 所示，可以看出 X_1 和 X_2 的系数、截距的 P 值分别为 0.034、0.076 和 0.037，表明自变量 X_1 和截距与 y 显著相关，而 X_2 不显著；回归决定系数为 0.947。

表 2-1　气候室棉花叶片净光合速率—氮含量—K^+/Na^+ 间的多元回归分析

自变量	系数	P	R^2
截距	−101.415	0.037	
X_1	3.964	0.034	0.947
X_2	−1.091	0.076	

注：X_1 为叶片氮含量；X_2 为叶片 K^+/Na^+ 比值；$P<0.05$ 表示显著相关，下同。

由表 2-2 可以看出，防雨棚下壤土棉花叶片净光合速率—氮含量—K^+/Na^+ 间呈多元非线性相关关系，回归方程为 $y = - 15.862 X_1 - 0.655 X_2 + 0.313 X_1 X_2 + 66.778$，拟合参数见表 2-2 所示，可以看出 X_1 和 X_2、$X_1 X_2$ 的系数、截距的 P 分别为 0.201、0.497、0.217、0.244，均与 y 不显著相关，回归决定系数为 0.692。

表 2-2　防雨棚下壤土棉花叶片净光合速率—氮含量—K^+/Na^+ 间的多元回归分析

自变量	系数	P	R^2
截距	66.778	0.244	
X_1	−15.862	0.201	
X_2	−0.655	0.497	0.692
$X_1 X_2$	0.313	0.217	

表 2-3 给出了防雨棚下沙培棉花叶片净光合速率—氮含量—K^+/Na^+ 间多元回归关系。盐胁迫下叶片的净光合速率—氮含量—K^+/Na^+ 呈多元线性相关关系，回归方程为 $y = 0.330 X_1 - 0.044 X_2 + 8.332$，拟合参数见表 2-3 所示，可以看出 X_1 和 X_2 的系数分别为 0.016 和 0.695、截距的 P 为 0.049，自变量 X_1 和截距与 y 显著相关，而 X_2 不显著；回归决定系数为 0.968。

表2-3　防雨棚下沙培棉花叶片净光合速率—氮含量—K⁺/Na⁺间的多元回归分析

自变量	系数	P	R^2
截距	8.332	0.049	
X_1	0.330	0.016	0.968
X_2	−0.044	0.695	

第六节　主要结论

本研究在对国内外相关研究的现状和存在问题进行分析和总结的基础上，以棉花为供试对象，以 FvCB 生物化学光合模型为研究工具，以深入理解盐分胁迫对棉花叶片光合特性的影响为研究目标，研究棉花植株 Na⁺/K⁺离子含量变化特征，分析叶片氮含量对盐分梯度的响应规律、探讨盐分胁迫对棉花叶片羧化速率、电子传递速率和叶肉导度等参数的影响，探明棉花叶片光合参数—氮含量—Na⁺/K⁺离子含量间的数学关系。主要结论如下。

一、盐胁迫对棉花叶片光合参数的影响

不同环境下盐胁迫对棉花叶片光合的影响不同。盐胁迫下净光合速率呈下降趋势，0~100 mmol/L 盐分浓度时，最大羧化速率和最大电子传递速率呈上升趋势，盐分浓度达到 150 mmol/L 时，最大羧化速率和最大电子传递速率、净光合速率均发生显著下降，表明棉花最大耐盐阈值介于 100~150 mmol/L，高于阈值的盐胁迫会破坏使棉花叶片的光合机构，抑制棉花的正常生长。随着盐分浓度的增加，棉花叶片的气孔导度和叶肉导度均显著下降，表明棉花叶片光合特征初期受气孔限制，逐渐变为受气孔限制和叶肉因素限制，最后转变为受气孔限制、叶肉因素限制和羧化限制的共同影响。

盐胁迫下，沙培棉花叶片的净光合速率和气孔导度随盐分浓度的上升而显著下降，8 g/L 盐分处理下净光合速率主要受气孔导度影响，棉花叶片光合受气孔限制；壤土棉花叶片光合参数无明显变化，说明盐分胁迫对棉花的抑制效应受土壤的质地、理化性质及土壤含水量的影响。

二、盐胁迫对棉花叶片叶绿素荧光参数的影响

盐胁迫下气候室棉花叶片过剩光能 $[(1-qP)/NPQ]$ 呈逐渐上升趋势，说

明盐胁迫棉花叶片会通过增强耗散过剩光能为热的能力，来保护 PS II 复合体的活性维持正常生长。当盐分浓度达到 150 mmol/L，最大量子效率（F_v/F_m）、实际量子效率 [Y（II）] 和光化学猝灭（qP）发生显著下降，此时棉花叶片 PS II 复合体的活性已受到损害，非光化学猝灭（NPQ）、过剩光能参数发生显著上升，棉花通过进一步增强耗散过剩光能为热的能力已经无法维持棉花叶片内的线性电子的正常传递，PS II 受到损伤，净光合速率发生下降，植物生长受到抑制。而防雨棚棉花叶片叶绿素荧光参数无明显变化。

三、盐胁迫对棉花叶片离子含量的影响

防雨棚棉花叶片的 K^+ 和 Na^+ 含量随盐分浓度呈上升变化，表明在一定盐分浓度内棉花会通过采取吸收 K^+，排出 Na^+ 机制以保证植物叶片细胞内维持正常水平的 Na^+，在叶片中主要的渗透调节物质就是 K^+；气候室棉花叶片 K^+ 和 Na^+ 含量随盐分浓度上升呈现了不同的变化特征，Na^+ 含量直线上升，K^+ 含量呈直线下降，这表明盐胁迫对棉花叶片产生严重影响，棉花叶片通过吸收 K^+，排出 Na^+ 机制已经无法正常运行，净光合速率下降，棉花生长受到抑制。

四、盐胁迫对棉花叶片氮含量的影响

不同环境下棉花叶片氮含量对盐胁迫的响应不同，气候室棉花和防雨棚沙培棉花氮含量随盐胁迫的增加呈逐渐递减的趋势，表明盐胁迫会减少棉花叶片氮含量，从而影响植物叶片中叶绿素、酶系统、激素及许多重要代谢有机化合物的合成，进而抑制植物叶片光合作用；而防雨棚壤土棉花则呈单峰变化趋势，这可能是因为土壤微生物的存在缓解了盐胁迫对植物的影响。

五、盐胁迫下棉花叶片离子和氮含量与光合参数的关系

盐胁迫会使不同环境下的棉花叶片氮含量、离子含量、光合参数受到不同程度的影响，且不同光合参数与棉花叶片离子和氮含量也会呈现不同的相关关系。不同环境条件下盐胁迫棉花的叶片氮含量、离子含量与光合参数相关性较高，均呈二次曲线相关关系。盐胁迫下净光合速率与叶片氮含量及 K^+/Na^+ 的多元回归分析表明，防雨棚沙培棉花和气候室棉花的净光合速率与叶片氮含量、K^+/Na^+ 呈多元线性相关，净光合速率与叶片氮含量呈显著性相关，但防雨棚壤土棉花叶片净光合速率与叶片氮含量无显著相关关系，且不同条件下净光合速率与叶片 K^+/Na^+ 也无显著相关。

综上所述，本研究探讨了不同环境条件下棉花对盐胁迫的耐受能力，深入探究盐胁迫对植物光合过程的影响，对促进植物适应土壤盐分及缓解盐分对植物的抑制方面研究具有重要意义，为相关研究提供科学依据。

参考文献

边甜甜，颜坤，韩广轩，等，2020. 盐胁迫下菊芋根系脱落酸对钠离子转运和光系统Ⅱ的影响［J］. 应用生态学报，31（2）：508-514.

范君华，刘明，翁永江，2001. 高产海岛棉田土壤微生物学特性研究［J］. 棉花学报（5）：297-299.

贺少轩，梁宗锁，蔚丽珍，等，2009. 土壤干旱对2个种源野生酸枣幼苗生长和生理特性的影响［J］. 西北植物学报，35（13）：1387-1393.

季泉毅，2015. 咸水灌溉对土壤水盐分布和物理性质及作物生长的影响［D］. 扬州：扬州大学.

梁星云，刘世荣，2017. FvCB生物化学光合模型及 $A-C_i$ 曲线测定［J］. 植物生态学报，41（6）：693-706.

马梦茹，2018. 盐胁迫对黑果枸杞光合生理特性及生长的影响［D］. 西宁：青海大学.

齐学礼，胡琳，董海滨，等，2008. 强光高温同时作用下不同小麦品种的光合特性［J］. 作物学报，34（12）：2196-2201.

孙健，王美娟，丁明全，等，2010. 盐胁迫下胡杨调控细胞内 K^+/Na^+ 平衡的生理和信号机制［C］//第六届中国植物逆境生理学与分子生物学学术研讨会论文集. 深圳.

孙璐，周宇飞，李丰先，等，2012. 盐胁迫对高粱幼苗光合作用和荧光特性的影响［J］. 中国农业科学，45（16）：3265-3272.

田永超，曹卫星，王绍华，等，2004. 不同水、氮条件下水稻不同叶位水、氮含量及光合速率的变化特征［J］. 作物学报（11）：1129-1134.

王佺珍，刘倩，高娅妮，等，2017. 植物对盐碱胁迫的响应机制研究进展［J］. 生态学报，37（16）：5565-5577.

魏建芬，胡绍庆，陈徐平，等，2020. 盐胁迫对桂花生长、光合及离子分配的影响［J］. 浙江农业科学，61（1）：86-90.

吾木提汗，2011. 豆科植物骆驼刺盐胁迫适应性研究［D］. 乌鲁木齐：新疆农业大学.

杨劲松，2008. 中国盐渍土研究的发展历程与展望［J］. 土壤学报（5）：837-845.

杨少辉，季静，王罡，2006. 盐胁迫对植物的影响及植物的抗盐机理［J］. 世界科技研究与发展（4）：70-76.

杨淑萍，危常州，梁永超，2010. 盐胁迫对不同基因型海岛棉光合作用及荧光特性的影响［J］. 中国农业科学，43（8）：1585-1593.

叶子飘，段世华，安婷，等，2018. 最大电子传递速率的确定及其对电子流分配的影响［J］. 植物生态学报，42（4）：498-507.

张彦敏，周广胜，2012. 植物叶片最大羧化速率及其对环境因子响应的研究进展［J］. 生态学报，32（18）：5907-5917.

赵跃锋，任晓雪，陈昆，2018. 盐胁迫对茄子种子萌发、光合指标及叶绿素荧光参数的影响［J］. 天津农业科学，24（8）：4-6.

郑国琦，许兴，徐兆桢，等，2002. 盐胁迫对枸杞光合作用的气孔与非气孔限制［J］. 西北植物学报（6）：75-79.

BERNACCHI C J, PORTIS AR, NAKANO H, et al., 2002. Temperature response of mesophyll conductance. Implications for the determination of Rubisco enzyme kinetics and for limitations to photosynthesis in vivo［J］. Plant Physiology, 130（4）：1992-1998.

CAEMMERER S V, EVANS J R, 1991. Determination of the average partial pressure of CO_2 in chloroplasts from leaves of several C3 plants［J］. Australian Journal of Plant Physiology, 18（3）：287-305.

CHEN S, WANG Z, GUO X, et al., 2019. Effects of vertically heterogeneous soil salinity on tomato photosynthesis and related physiological parameters［J］. Scientia Horticulturae, 249（17）：120-130.

CHOU S, CHEN B, CHEN J, et al., 2020. Estimation of leaf photosynthetic capacity from the photochemical reflectance index and leaf pigments［J］. Ecological Indicators, 110：105867.

ETHIER G J, LIVINGSTON N J, HARRISON D L, et al., 2006. Low stomatal and internal conductance to CO_2 versus Rubisco deactivation as determinants of the photosynthetic decline of ageing evergreen leaves［J］. Plant, Cell Environment, 29（12）：2168-2184.

EVANS J R, VON CAEMMERER S, 1996. Carbon dioxide diffusion inside leaves [J]. Plant Physiology, 110 (2): 339-346.

FARQUHAR G D, SHARKEY T D, 1982. Stomatal conductance and photosynthesis [J]. Annual Review of Plant Physiology, 33: 317-345.

FLEXAS J, BARBOUR M M, BRENDEL O, et al., 2012. Mesophyll diffusion conductance to CO_2: An unappreciated central player in photosynthesis [J]. Plant Science, 193: 70-84.

LI Y, PENG S, HUANG J, XIONG D, et al., 2013. Components and Magnitude of Mesophyll Conductance and Its Responses to Environmental Variations [J]. Plant Physiology Journal, 49 (11): 1143-1154.

MEDLYN B E, LOUSTAU D, DELZON S, 2002. Temperature response of parameters of a biochemically based model of photosynthesis. I. Seasonal changes in mature maritime pine (*Pinus pinaster* Ait.) [J]. Plant, Cell Environment, 25 (9): 1155-1165.

MUNNS R, TESTER M, 2008. Mechanisms of salinity tolerance [J]. Annual Review Plant Biology, 59: 651-681.

NIINEMETS U, KEENAN T F, HALLIK L, 2015. A worldwide analysis of within-canopy variations in leaf structural, chemical and physiological traits across plant functional types [J]. New Phytologist, 205 (3): 973-993.

SHAGUFTA S, SOBIA N, MUHAMMAD A, et al., 2013. Salt stress affects water relations, photosynthesis, and oxidative defense mechanisms in *Solanum melongena* L [J]. Journal of Plant Interactions, 8 (1): 85-96.

SHARIF I, ALEEM S, FAROOQ J, et al., 2019. Salinity stress in cotton: effects, mechanism of tolerance and its management strategies [J]. Physiology and Molecular Biology Plants, 25 (4): 807-820.

WALCROFT A S, WHITEHEAD D, SILVESTER W B, et al., 1997. The response of photosynthetic model parameters to temperature and nitrogen concentration in *Pinus radiata* D. Don [J]. Plant, Cell Environment, 20 (11): 1338-1348.

WANG H, ZHANG H, LIU Y, et al., 2019. Increase of nitrogen to promote growth of poplar seedlings and enhance photosynthesis under NaCl stress [J]. Original Paper, 30 (4): 1209-1219.

第三章 盐胁迫下棉花幼苗对外源甜菜碱和水杨酸的生理与生化特性响应

棉花（*Gossypium hirsutum* L.）不仅是国际上主要的纤维作物，也是全球第二大植物蛋白和第五大产油植物。中国是世界上主要的棉花生产国和消费国（Wang，2009），2020年全国种植面积超1 000万 hm²，总产量约1 000万 t。随着土壤耕地面积持续减少，棉花已逐渐转移向盐碱地种植，提高棉花耐盐碱能力是棉花生产中亟须解决的问题。由于盐的渗透成分，植物生长受到盐胁迫，根系从土壤中吸收水分并将其转移到地上部的能力往往会抑制植物的生长。从根系向地上部输送的水量决定了向地上部输送的物质含量（Navarro et al.，2007）。高盐胁迫会影响植物的渗透或离子稳态，从而降低植物的生长。盐分条件对植株高度、主根和侧根生长、叶片增大、茎粗，以及根和枝条的生物量均产生负面影响。长期暴露于盐碱条件下的棉花植株更容易受到盐碱的负面影响（Higbie et al.，2010）。

植物通过减少盐离子从根到芽的吸收和转移来对抗盐分。植物对盐分胁迫的不利影响的一种重要生理反应是增加有机或无机溶质积累，以降低组织渗透势（Meloni et al.，2001）。甘氨酸甜菜碱（GB）属季铵盐类化合物，在非生物胁迫下对植物的细胞渗透调节具有重要作用（Ashraf et al.，2007；Kurepin et al.，2015）。应用外源物质对作物进行处理，增强作物自身的抗胁迫能力，是应对盐碱胁迫简便可行的方法。水杨酸（Salicylic Acid，SA）是一种内源性植物生长调控因子，参与植物多个生理生长过程，如种子萌发、光合作用、营养吸收、叶绿素的生物合成、调节气孔运动、抑制乙烯生物合成和蛋白激酶的合成等。SA还是诱导系统获得抗性的重要信号分子，保护植物免受生物和非生物胁迫，如盐胁迫（Kaya et al.，2002）。水杨酸在诱导许多作物耐盐性方面已被证实（Stevens et al.，2006）。GB是一种细胞渗透保护剂，通过渗透调节、提高光合作用的能力，以及降低ROS等方面来提高植物对非生物胁迫的耐受性（Ashraf et al.，2007；Chen et al.，2008；Sofy et al.，2020）。

在盐胁迫条件下，棉花生理生化特性对外源 GB 和 SA 的响应机制尚不清楚。本研究假设在高盐胁迫下，外源叶面补充 GB 和 SA 可增强棉花叶片的气体交换特性，有助于提高抗氧化酶活性，最终提高棉花对高盐胁迫的抗性。因此，本研究的主要目的是探明高盐胁迫下外源叶面喷施 GB 和 SA 对棉花生长过程中的叶片气体交换、叶绿素荧光、光合色素与抗氧化酶的影响。

第一节　材料与方法

一、试验设计

盆栽试验在河南省新乡市的中国农业科学院农田灌溉研究所七里营综合试验基地（35°08′N，113°45′E，海拔 80.7 m）人工气候室中进行。人工气候室中（图 3-1），夜间和白天的空气温度分别设置为 20 ℃和 30 ℃，相对湿度在 50%~60%。在 6：00—20：00，由 LED 灯提供在 350 μmol/（m² · s）下校准的光子通量密度。筛选出棉花主栽品种新陆中 37 号。棉籽用 0.3%过氧化氢中消毒 30 min，然后用去离子水冲洗 3 次。种子在基质中催芽，将 6~7 d 的均匀幼苗作为每盆一株移植到盆中。盆栽用塑料桶直径 16 cm，高度 18 cm，每桶填充约 2.5 kg 干沙土。

图 3-1　受控环境下棉花植株的生长

棉花生长早期（移栽后 20 d 之前）没有处理。每隔 2~3 d，用 1/2 浓度的 Hoagland 溶液将每个桶灌溉至田间持水量的 90%。营养液成分如下：236.2 Ca（NO₃）₂ · 4H₂O、101.1 KNO₃⁻、40 NH₄NO₃⁻、61.6 MgSO₄ · 7H₂O、

34 KH_2PO_4、18.6 KCl、3.671 Fe EDTA 和微量元素（1.546 $H_3BO_3^-$、0.396 $MnCl_2 \cdot 4H_2O$、0.575 $ZnSO_4 \cdot 7H_2O$、0.125 $CuSO_4 \cdot 5H_2O$、0.036 $CoCl_2 \cdot 6H_2O$、0.093 $(NH_4)6MO_7O_{24} \cdot 4H_2O$）。实验处理包括两个盐水平（0 mmol/L 和 150 mmol/L）、3 个 GB 水平（2.5 mmol/L、5 mmol/L 和 7.5 mmol/L）和 3 个 SA 水平（1 mmol/L、1.5 mmol/L 和 2 mmol/L），以及充分浇水处理（CK）。实验采用完全随机设计，3 次重复。为避免突然加入高浓度（150 mmol/L）NaCl 对植物的影响，在棉花 20 日龄、22 日龄和 25 日龄期，分别用添加 50 mmol/L、100 mmol/L 和 150 mmol/L NaCl 的 Hoagland 溶液灌溉植物，使其田间容量达到 90%。从第一天施用 150 mmol/L NaCl 处理到收获，盐浓度保持稳定在 150 mmol/L。在施用 150 mL NaCl 后的 10 d 内，根据表 3-1 中试验处理，每天在叶片上喷洒 5 mL/株不同浓度的 GB 和 SA 液体溶液。在 150 mmol/L NaCl 条件下，外源叶片渗透压处理的 10 d 内，对叶片气体交换和叶绿素荧光参数进行了 4 次测量，并采集植株进行生化参数测定。

表 3-1　试验设计　　　　　　　　　　单位：mmol/L

编号	NaCl 施用量	GB 施用量	SA 施用量
CK	—	—	—
GB-1	150	2.5	—
GB-2	150	5.0	—
GB-3	150	7.5	—
SA-1	150	—	1.0
SA-2	150	—	1.5
SA-3	150	—	2.0
SS	150	—	—

注：CK 为对照；GB-1 为甜菜碱施用量水平 1；GB-2 为甜菜碱施用量水平 2；GB-3 为甜菜碱施用量水平 3；SA-1 为水杨酸施用量水平 1；SA-2 为水杨酸施用量水平 2；SA-3 为水杨酸施用量水平 3；SS 为盐胁迫。

二、观测指标

（一）叶片气体交换和叶绿素荧光

在棉花移栽后 20 d 至收获期间，每 3 d 监测 1 次植物光合参数和叶绿素荧光参数。观测时间在 9:00—12:00，使用 Li-6400XT 便携式光合系统（美国东北林肯市 Li COR 公司）。测定棉花幼苗第三片完全展开叶片的细胞间 CO_2 浓度（C_i）、气孔导度（g_s）、蒸腾速率（Tr）和净光合速率（Pn），光密度为 1 200 $\mu mol/(m^2 \cdot s)$，叶室温度为 25℃，空气流量为 500 $\mu mol/s$。使用 MINI-PAM-II 叶绿素荧光仪监测 PS II 的最大光化学效率（F_v/F_m）、最小荧光（F_0）和最大荧光（F_m）在暗适应条件下的活性，并在全光照下测定 F'_m。用于光合作用的光化学传输的量子效率（Φ_{PSII}）、通过叶黄素循环的光保护非光化学猝灭促进的热耗散的量子效率（Φ_{NPQ}）以及荧光和本构热耗散的组合量子效率（Φ_f, D）计算如下：

$$\Phi_{PSII} = \frac{(F'_m - F_m)}{F'_m} \qquad (3-1)$$

$$\Phi_{NPQ} = \left(\frac{F_s}{F'_m}\right) - \left(\frac{F_s}{F_m}\right) \qquad (3-2)$$

$$\Phi f, D = \frac{F_s}{F_m} \qquad (3-3)$$

（二）光合色素、光合作用和关键抗氧化酶活性

棉花收获后，按照 Mccurry et al.（1982）的描述测量 Rubisco 酶活性。PEPC 的测量方法参考 Stiborova et al.（1983）。棉花叶片叶绿素 a、叶绿素 b 和类胡萝卜素含量的测定参考 Khalifa et al.（2016）方法。为测定叶绿素，从棉花植株上采集完全展开叶片，并用蒸馏水冲洗，以去除任何叶片表面污染。用 80%丙酮和杵的混合物研磨（0.2 g）新鲜叶片样品。在 645 nm 和 663 nm 处测量叶绿素的吸光度，在 470 nm 处测量类胡萝卜素的吸光度。棉花叶片内源 GB 含量根据 Nuccio et al.（1998）测定方法，叶片内源 SA 含量参考 Malonia et al.（2002）的方法。参考 Yan et al.（2018）的方法测定 APX 和 GR 活性。

（三）土壤 EC 值和 pH 值

使用 pH 计和电导率仪测量土壤 pH 值和 EC 值。在施用 150 mmol/L NaCl 和收获后，在初始土壤样品和所有盐分处理中测量土壤 pH 值和 EC 值，以评估其在收获后土壤中的变化和最终值。土壤 pH 值呈碱性，在整个试验过程中几乎保持不变（表 3-2）。从第一次施用 150 mmol/L NaCl 到收获（5.42~5.46 dS/m），蒸发和蒸腾作用略微增加了土壤中 EC 的积累，超过预期值 1%。

表 3-2　土壤 pH 值和 EC 值

监测土样时间	pH 值	EC 值（dS/m）
初始值	8.12	0.53
150 mmol/L 盐胁迫期	8.18	5.42
收获期	8.56	5.46

注：pH 值和 EC 值均为不同时期盐胁迫处理的平均值。

（四）植物生长特性

在盐胁迫期（20~35 d），每隔 5 d 测量 1 次株高、叶面积、叶水势和 *PLC*。株高是指从土壤表面到叶片顶端，用直尺手动测量植株高度。使用叶面积仪（3050A 型，Li Cor Biosciences，Lincoln，NE，USA）测量叶面积。使用 WP4C、露点电位仪测量叶片水势。*PLC* 使用 XYL' EM-Plus 进行测量。在测量 *PLC* 之前，高压（HP）储液罐装满 0.5 L 蒸馏水，并加压至 1 bar 或 2 bar。将水阀设置为"WATER"，以清除高压储液罐中存在的任何气泡。用纯水冲洗低压（LP）储液罐数次，以去除任何可能的颗粒，然后在 LP 模式下安装阀杆样品，以测量 *PLC* 值（Ewers et al.，2004）。首先测量初始导水率（K），并冲洗样品两次，以确定饱和导水率（K'），然后计算 *PLC*：

$$PLC = 100 \times \left(1 - \frac{K'}{K}\right) \tag{3-4}$$

（五）内源性渗透压、氮和离子含量

收获后，棉花叶片中 GB 和 SA 的内源浓度分别参考 Nuccio et al. (1998) 和 Malonia (2002) 的方法。收获后，收集棉花根并清洗。干燥质量在 105 ℃烘箱干燥 24 h 后测定，磨碎测定根系和叶片中 N 含量。

叶中 Na^+ 和 K^+ 离子的提取和测定参考 Xu et al.（2006）描述的方法，利用原子吸收分光光度计（Spectral AA 220，Varian，Palo Alto，CA，USA）测定 Na^+ 和 K^+ 含量。参考 Nishanta et al.（2003）的方法提取并测定 Ca^{2+} 和 Mg^{2+}。

三、统计分析

实验数据以平均值±标准差表示，使用 SPSS 23.0 进行单因素方差分析（ANOVA），使用 Duncan's 的多范围测试比较显著差异（$P<0.05$），参数之间的相关性分析采用皮尔逊相关系数法。

第二节　盐胁迫下棉花幼苗生理特性对外源 GB 和 SA 的响应

一、内源性渗透压对外源 GB 和 SA 的反应

试验测定了采摘后棉花叶片内源甘氨酸和水杨酸的含量。与 CK 相比，高 NaCl 处理时，棉花叶片内源 GB 和 SA 浓度分别显著提高 51% 和 90%。与单独 NaCl 胁迫相比，除了较低剂量的 SA 外，外源叶面添加所有水平的 GB 和 SA 都显著提高了内源 GB 含量。而在 NaCl 胁迫下，叶面喷施 SA（1.5 和 2.0 mmol/L）的内源 SA 含量显著增加，但与单独 NaCl 胁迫相比，叶面喷施 GB 时的内源 SA 含量降低（图 3-2）。用最高剂量（7.5 mmol/L）的 GB 时获得棉花叶片中内源 GB 的最高积累量，同样，使用最高剂量（2.0 mmol/L）的 SA 时获得棉花叶片中内源 SA 的最高积累量。

盐胁迫下，许多植物体内合成大量渗透物质，包括 GB 和 SA，以对抗胁迫诱导的损伤。本研究发现，在 150 mmol/L NaCl 胁迫下，棉花叶片中的 GB 和 SA 显著积累。Chen et al.（2008）也报道了相似的结果，即植物通常会内源产生 GB，作为对胁迫条件的反应。此外，在盐碱胁迫下，植物也合成 SA，以减轻包括盐碱条件在内的环境胁迫的不利影响（Pál et al.，2013）。在目前的研究中，棉花叶片中自然积累的 GB 和 SA 可以有效地减轻 NaCl 诱导的伤害。本研究结果表明，在高浓度 NaCl 胁迫下，除最高剂量的 SA 外，所有水平的外源 GB 和 SA 均显著提高了内源 GB 含量，而在高 NaCl 胁迫下，叶面喷施 SA 仅能提高棉花植株所有叶片的内源 SA 含量。Khan et al.（2014）研究同样指出外源喷洒 SA 有效地促进了盐环境下绿豆内源性 GB 生物合成。

二、叶片气体交换对外源 GB 和 SA 的响应

与 CK 相比，在单独 NaCl 胁迫下，Pn、g_s、Tr 和 C_i 分别显著降低 46%、68%、75% 和 62%（图 3-3）。在 NaCl 胁迫条件下，外源叶面同时添加 GB 和 SA 显著影响叶片气体交换参数。最低和中等浓度的外源 GB 及最低浓度的外源 SA 显著提高了棉花叶片的所有气体交换参数。在所有外源处理中，叶面补充中等浓度的 GB 可获得最高的叶片气体交换参数值（图 3-3）。

改善叶片气体交换参数是提高作物抗高盐胁迫能力的一个重要方面。试验

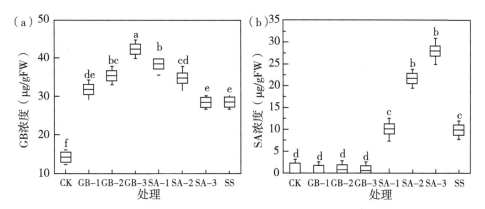

图 3-2　外源 GB 和 SA 对不同处理棉花幼苗
内源 GB 浓度 （a） 和内源 SA 浓度 （b） 的影响

注：CK 为对照；GB-1 为甜菜碱处理 1；GB-2 为甜菜碱处理 2；GB-3 为甜菜碱处理 3；SA-1 为水杨酸处理 1；SA-2 为水杨酸处理 2；SA-3 为水杨酸处理 3；SS 为盐胁迫。图中数值为平均值，误差条表示标准差。不同字母表示处理之间在 0.05 水平显著差异。下同。

研究结果表明，与单独盐胁迫处理相比，高盐胁迫显著降低了棉花叶片的气体交换特性，而在 150 mmol/L NaCl 胁迫下，中等和最低浓度的 GB 和 SA 对增加棉花叶片的气体参数起到了积极作用（图 3-3）。芥菜（Yusuf et al., 2008）和绿豆（Hayat et al., 2010）的试验结果表明盐诱导降低了包括 C_i、Tr、g_s 和 Pn 在内的叶片气体交换参数，这些观察结果与本研究一致（图 3-2）。前人关于盐胁迫下叶片光合作用改善的研究表明，外源叶面补充 0.5 mmol/L SA 可有效保护植物叶片光合作用免受盐诱导（Nazar et al., 2015）。本研究发现，当 3 种外源 SA 处理（1.0 mmol/L、1.5 mmol/L 和 2.0 mmol/L）时，高盐胁迫下，1.0 mmol/L 对提高叶片光合作用更为有效。本研究结果与 Nazar et al.（2011）的结果一致，他们发现叶面喷施 1.0 mmol/L SA 缓解了经过盐诱导的两个绿豆品种叶片光合作用的降低。据报道，在盐碱条件下，叶面喷施 GB 会增加叶片气体交换特性，其中包括 g_s、Pn 和 C_i（Yang et al., 2005）。研究结果表明，在 150 mmol/L NaCl 浓度下，所有叶片的 GB 处理显著都增加了叶片气体交换特性，这可能是棉花保卫细胞中的膨压增强导致的叶片光合作用的改善。

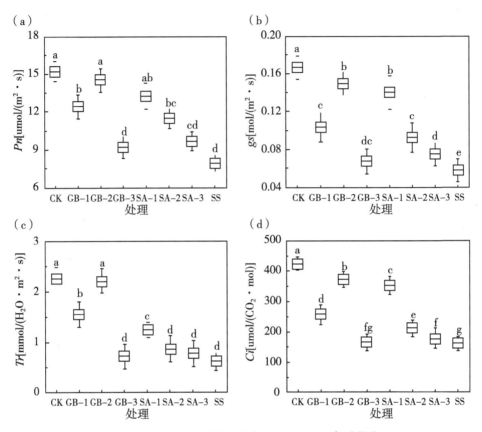

图 3-3　NaCl 处理下（a）净光合速率（*Pn*）、（b）气孔导度（g_s）、
（c）蒸腾速率（*Tr*）、（d）胞间 CO_2 浓度（C_i）对外源 GB 和 SA 的响应

三、关键光合酶和 MDA 对外源 GB 和 SA 的响应

NaCl 胁迫对 Rubisco 活性没有显著影响，但与充分浇水处理相比，棉花叶片中的 PEPC 显著降低 88%，MDA 含量增加 33%（图 3-4）。在高 NaCl 胁迫下，外源 GB 和 SA 均能显著提高 Rubisco 活性，降低叶片 MDA 含量。结果表明，在高盐胁迫下，外源喷施 GB 和 SA 对 PEPC 活性没有显著影响。在外源渗透压处理后，单用盐水处理的 MDA 活性仍然较高（11.84 nmol/g 鲜重）。在高 NaCl 胁迫下，中等浓度（5.0 mmol/L）的外源 GB 和最低浓度（1.0 mmol/L）的外源 SA 能更有效地提高棉花叶片 Rubisco 活性，降低 MDA 含量。

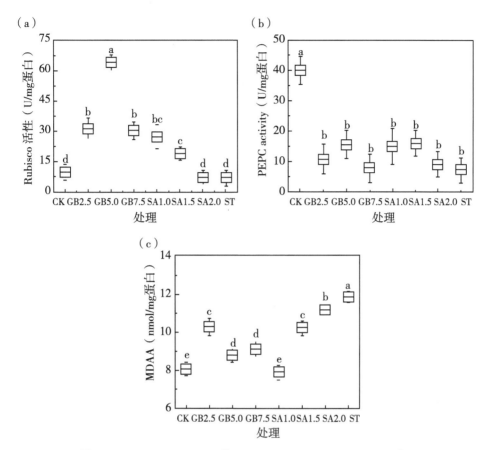

图 3-4 150 mmol/L NaCl 处理下 （a） Rubisco、（b） PEPC 和
（c） MDA 对外源 GB 和 SA 的响应

四、叶绿素荧光对外源 GB 和 SA 的响应

叶绿素荧光参数中 F_v/F_m、Φ_{PSII} 和 $\Phi_{f,D}$ 对 NaCl 环境敏感，而 Φ_{NPQ} 不受 NaCl 环境的显著影响。与 CK 相比，F_v/F_m 和 Φ_{PSII} 分别显著降低 5% 和 19%，而 $\Phi_{f,D}$ 仅在 NaCl 条件下显著增加 （图 3-5）。除了最低和最高的 GB 浓度 （分别为 2.5 mmol/L 和 7.5 mmol/L） 外，在不同的外源 GB 和 SA 处理中，F_v/F_m 和 Φ_{PSII} 水平均显著增加，而 Φ_{NPQ} 和 $\Phi_{f,D}$ 在 NaCl 条件下显著降低。在高浓度 NaCl 胁迫下，外源喷施最低 SA 浓度 （1.0 mmol/L） 提高叶绿素荧光参数的效果最好。试验结果表明，与正常条件下的处理相比，高 NaCl 胁迫显著影响棉花叶绿素荧光参数。在叶绿素荧光特性中，生理胁迫最敏感的指标是 F_v/F_m。

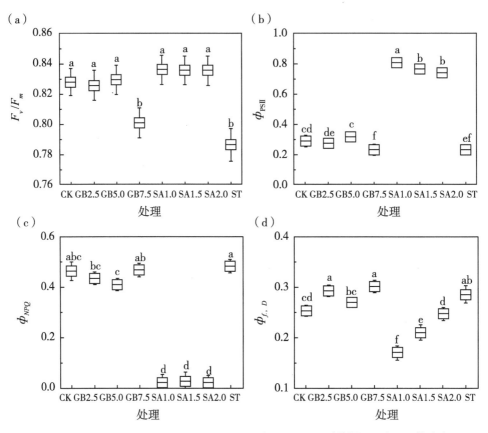

图 3-5 （a） F_v/F_m、（b） $\Phi_{PSⅡ}$、（c） Φ_{NPQ} 和 （d） $\Phi_{f,D}$ 对外源 GB 和 SA 的响应

数据显示，与 CK 相比，仅在 NaCl 胁迫处理中 F_v/F_m 就从 0.828 显著降低到 0.76。在萝卜 （Jamil et al., 2007）、番茄 （Al-aghabary et al., 2005） 和小麦 （Kanwal et al., 2011） 的试验中也获得了类似的结果。本研究认为 F_v/F_m 降低到 0.80 以下是由光诱导的 Pn （Photoinhibition） 减少引起的，这是对高浓度 NaCl 环境的响应。在叶面喷施 SA 处理中，所有外源 SA 水平都显著提高了高 NaCl 胁迫下 F_v/F_m 的值，高于 CK，而在叶面喷施 GB 处理中，只有最低和中等浓度的外源 GB 显著提高了高浓度 NaCl 胁迫下 F_v/F_m 的值并接近 CK。在 NaCl 胁迫条件下，外源喷施的 GB 能提高茄子中的 F_v/F_m （Wu et al., 2012），而西瓜中则出现了相反的趋势 （Cheng et al., 2015）。研究还表明，在 NaCl 胁迫条件下，外源喷洒 SA 可提高 F_v/F_m （Hayat et al., 2012）。除 F_v/F_m 外，还有其他一些常用的荧光参数，包括 $\Phi_{PSⅡ}$，Φ_{NPQ} 和 $\Phi_{f,D}$。在本研究中，高 NaCl

处理显著增加了 $\Phi_{f,D}$，而 Φ_{PSII} 则显著降低。然而，NaCl 对 Φ_{NPQ} 的影响仍然不显著。同样，Meggio et al.（2014）发现，NaCl 胁迫对两种基因型葡萄砧木的能量分配产生负面影响。因此，为进一步分析外源喷洒的 GB 和 SA 对受 NaCl 影响的植物的能量分配有必要进行更多的研究。

五、叶绿素对外源 GB 和 SA 的反应

叶绿素 a、叶绿素 b 和类胡萝卜素含量的变化如图 3-6 所示。结果表明，与 CK 相比，单独 150 mmol/L NaCl 胁迫下叶绿素 a 含量显著降低 33%、叶绿素 b 含量显著降低 25% 和类胡萝卜素含量显著降低了 31%。在 NaCl 条件下，所有不同水平的外源 GB 和 SA 处理时，叶绿素 a、叶绿素 b 和类胡萝卜素表现出相同的显著增加趋势。同样，通过外源喷施中等浓度（5.0 mmol/L）的 GB 和最低浓度（1.0 mmol/L）的 SA，叶绿素 a、叶绿素 b 和类胡萝卜素达到最高值（图 3-6）。

盐碱条件会破坏叶绿素的生物合成途径，从而导致叶绿素含量降低（Hayat et al.，2012）。同样，在目前的研究中也观察到叶绿素 a 和叶绿素 b 含量显著降低。Zhao et al.（2007）也发现在盐碱条件下叶绿素含量降低，这与我们的研究结果一致。据报道，盐胁迫下植物叶绿素含量的降低可能是由叶绿素酶活性升高引起的（Alasvandyari et al.，2018）。高浓度的 NaCl 显著降低了叶片中类胡萝卜素的含量。在本研究中，在严重 NaCl 胁迫下，外源喷洒 GB 和 SA 对光合色素，包括叶绿素 a、叶绿素 b 及类胡萝卜素含量都有积极影响。结果表明，在 NaCl 浓度升高的条件下，中等剂量（5.0 mmol/L）的外源 GB 和最低剂量（1.0 mmol/L）的外源 SA 对光合色素的增加作用更大。Shaki et al.（2018）发现，外源喷施 SA 显著增加了受到 100 mmol/L 和 200 mmol/L NaCl 胁迫地红花植株的叶绿素含量，这与本研究结果非常一致。Eraslan et al.（2007）证明，外源叶面喷施 0.5 mmol/L SA 显著增加了受到 NaCl 胁迫的胡萝卜植株中的类胡萝卜素含量。但是，在之前的研究中发现，叶面喷施 GB 对盐碱条件下的叶绿素 a 和叶绿素 b 含量影响不大（Athar et al.，2015），这与本研究结果矛盾，可能是外源性 GB 浓度及其应用模式的选择造成的。

六、抗氧化酶对外源性 GB 和 SA 的反应

抗氧化酶中 APX、CAT、POD、SOD 和 GR 的活性如图 3-7 所示。与 CK

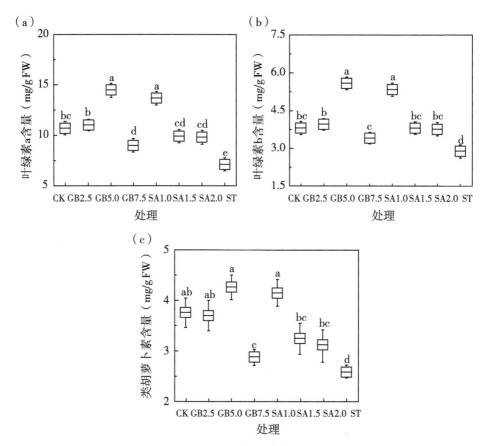

图 3-6　150 mmol/L NaCl 条件下棉花叶绿素 a （a）、
叶绿素 b （b）和类胡萝卜素 （c）含量对外源 GB 和 SA 的响应

相比，收获后棉花叶片中测得的 APX 活性不受高 NaCl 浓度的显著影响。当外源 GB 施用于棉花叶片时，只有中等浓度 （5.0 mmol/L） 的外源 GB 在盐碱条件下显著增加了 APX 活性 （图 3-7 a）。CAT 活性不受盐度的显著影响，但外源叶面补充，特别是中等浓度的 GB、最低和中等浓度的 SA 会导致 CAT 活性显著升高 （图 3-7 b）。POD 活性受盐度影响不大，但在高 NaCl 条件下，所有外源处理都显著增加 POD 活性 （图 3-7 c）。SOD 活性不受盐度的显著影响，但除最高浓度的外源 SA 外，所有外源 GB 和 SA 处理都显著提高了 NaCl 胁迫下的 SOD 活性 （图 3-7 d）。在 150 mmol/L NaCl 胁迫下，GR 活性对外源 GB 和 SA 的反应与 POD 相似 （图 3-7 e）。

　　抗氧化酶，如 POD、SOD 和 CAT 的活性随着对 NaCl 环境的响应而增加，

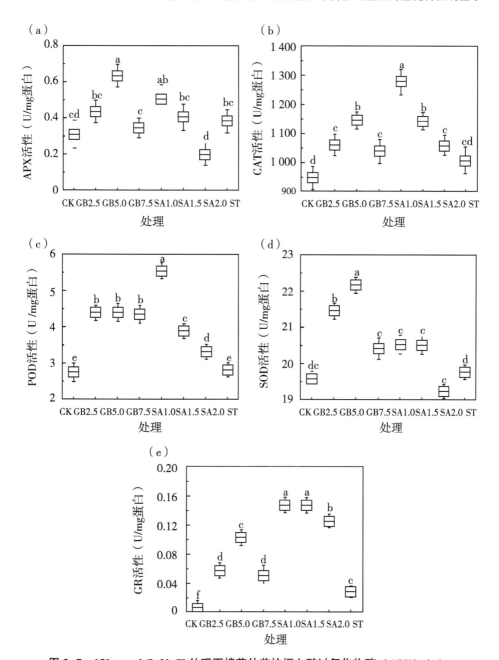

图 3-7　150 mmol/L NaCl 处理下棉花幼苗抗坏血酸过氧化物酶（APX）（a）、过氧化氢酶（CAT）（b）、过氧化物酶（POD）（c）、超氧化物歧化酶（SOD）（d）、和谷胱甘肽还原酶（GR）（e）、对外源 GB 和 SA 的响应

以控制盐诱导中的损伤（Noreen et al., 2009；Soylemez et al., 2017）。在本研究中，与 CK 相比，单独 NaCl 处理的 APX、CAT、SOD 和 POD 的活性随着 NaCl 浓度升高而略有增加。在豌豆（Shahid et al., 2014）、番茄（Soylemez et al., 2017）和甘蓝型油菜（Heidari, 2010）的试验中也得到了类似的结果。在目前的工作中，我们发现在高盐条件下，中剂量的 GB 和最低剂量的 SA 对棉花幼苗叶片中的 APX、CAT、SOD、POD 活性的提高作用比 GR 更显著。盐胁迫条件下，从番茄（Soylemez et al., 2017）、小麦（Dong et al., 2017）和黄瓜（Xia et al., 2009）对叶面喷施 GB 的响应中也观察到了相同的结果。在白刺的研究中发现，施用不同浓度的外源 SA 提高了不同的 NaCl 浓度胁迫下 SOD、POD 和 CAT 等抗氧化酶的活性（Liu et al., 2016）。过氧化反应的另一个主要指标是 MDA，归因于氧化损伤（Li et al., 2011）。MDA 的浓度增加了玉米（AbdElgawad et al., 2016）和大麦（Fayez et al. 2014）对盐环境的响应。在我们目前的研究中也得到了相似的结果，棉花叶片中的 MDA 含量在高 NaCl 胁迫下显著增加。假设在 150 mmol/L NaCl 胁迫下，MAD 含量的增加是由叶面喷施 GB 和 SA 诱导的抗氧化酶活性提高引起的。在高浓度 NaCl 条件下，叶面喷施中剂量的 GB 和最低剂量的 SA 可以非常有效地降低 MDA 含量，接近 CK（图 3-4）。不同的研究报告表明，外源性喷洒 GB 降低了盐胁迫条件下芥菜（Ali et al., 2008）、小麦（Dong et al., 2017）和番茄（Soylemez et al., 2017）中的 MDA 含量，这与我们的研究结果一致。同样，有报道指出，两种浓度的外部 SA（0.5 mmol/L 和 1.5 mmol/L）显著降低了盐胁迫条件下白刺植株中 MDA 的浓度（Liu et al., 2016）。

七、Pn 和 F_v/F_m 与叶绿素 a 和叶绿素 b 含量的关系

在 150 mmol/L NaCl 胁迫下，与 CK 相比，Pn、F_v/F_m、叶绿素 a 和叶绿素 b 分别显著降低 48%、5%、33% 和 24%。同样，在高盐条件下，外源叶面施用 GB 和 SA 对上述所有参数都有积极影响。在不同的处理中，Pn 和 F_v/F_m 与叶绿素 a 和叶绿素 b 呈显著正相关（图 3-8）。

八、小结

盐胁迫不仅显著降低了叶片的气体交换和叶绿素荧光参数，还降低了光合色素含量。与无外源物质的盐处理以及 CK 相比，叶面喷施中浓度（5.0 mmol/L）的 GB 和最低浓度（1.0 mmol/L）的 SA 均显著提高了棉花叶

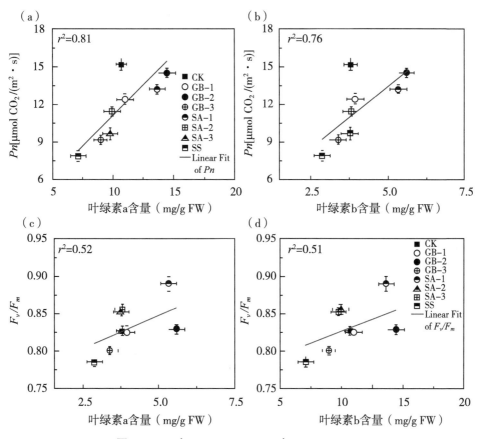

图 3-8　*Pn* 与 Chlp a（a）、*Pn* 与 Chlp b（b）、
F_v/F_m 与 Chlp a（c）、F_v/F_m 与 Chlp b（d）的关系

片的气体交换特性、叶绿素含量、荧光参数、抗氧化酶活性以及内源 GB 和 SA 含量。虽然 NaCl 胁迫诱导抗氧化酶升高，但外源 GB 和 SA 显著提高了 150 mmol/L NaCl 胁迫下的谷胱甘肽还原酶（GR）、抗坏血酸过氧化物酶（APX）、超氧化物歧化酶（SOD）、过氧化氢酶（CAT）、过氧化物酶（POD）活性，并降低了丙二醛（MDA）的含量。对于所有的外源 GB 和 SA 处理，中剂量（5.0 mmol/L）的 GB 使叶片的光系统最大光化学效率（F_v/F_m）均达到峰值。NaCl 胁迫下叶面喷施 GB 和 SA，叶片的光合速率和 F_v/F_m 与叶绿素 a、叶绿素 b 含量呈正相关关系。根据实验结果，认为 5.0 mmol/L GB 和 1.0 mmol/L SA 是较适宜的施用量，能够通过提升叶片光合作用、光合色素含量以及抗氧化酶活性来减轻 NaCl 的伤害。

第三节　喷施外源物质对减轻 Na⁺ 毒性和棉花生长的影响

一、棉花幼苗生长

在盐碱条件下，探讨叶面喷施 GB 和 SA 对保持作物生长特性、提高作物生产力的影响具有重要意义。与对照组相比，单独高盐胁迫（SS）的幼苗株高、叶面积和叶水势（LWP）分别显著降低20%、35%和80%（图3-9）。但与 SS 相比，叶面添加 GB 和 SA 对这些参数均有积极影响。中等剂量（5.0 mmol/L）的外源 GB 和最低剂量（1.0 mmol/L）的外源 SA 在盐胁迫下提高植物生长参数方面表现最好。上述植物生长指标对盐碱条件下叶面喷施最高浓度 SA 的反应不显著。高盐胁迫对棉花幼苗生长发育有一定的抑制作用。研究表明，外源叶面添加 GB 或 SA 是 NaCl 胁迫下维持棉花生长的适宜途径。研究还发现，在 NaCl 浓度为 150 mmol/L 时，外源 GB 中浓度（5.0 mmol/L）和外源 SA 中最低浓度（1.0 mmol/L）对棉花生长参数的促进效果更好。El Beltagi et al.（2017）的一项早期研究发现，受到盐分胁迫的棉花的叶面积、株高和干重等生长指标降低。这与我们的研究结果相矛盾。Heuer（2003）发现，外源性喷洒 5 mmol/L 的 GB 会降低 LWP，以及盐水环境下的新鲜和干燥生物量，这可能归因于施用方式或准确剂量的选择。据报道，在盐碱条件下，植物生长减少会导致盐离子吸收或渗透损伤期间产生特殊的离子毒性（Meloni et al.，2001）。关于这一点，假设在高浓度的 NaCl 条件下，棉花叶面积的减少可能是由于膨压降低和细胞分裂与增殖受阻。SA 在许多环境胁迫下对调节植物生长发育起着关键作用（Hayat et al.，2010）。外源叶面添加 SA 可以控制胁迫条件下的气孔开放，减少植物蒸腾过程中的水分损失，帮助植物进行气体交换，维持膨压，最终调节植物在胁迫条件下的生产力（He et al.，2005）。Ashraf et al.（2015）报道外源喷施 GB 对非生物胁迫条件下的植物生长特性有积极影响。

植物生长降低，如根和地上生物量减少是盐胁迫的主要后果之一，这往往最终导致大多数植物物种的产量损失。本研究结果发现，与对照相比，SS 处理的幼苗地上部和根系生物量分别显著降低37%和35%（图3-10）。在 NaCl

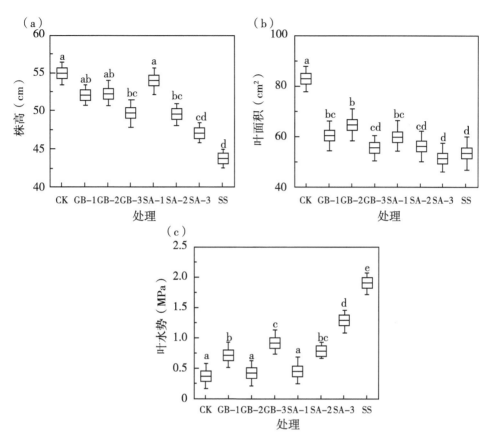

图 3-9　盐胁迫下，外源 GB 和 SA 对（a）株高，
（b）叶面积和（c）叶水势的影响

注：CK 为对照组；GB-1 为甘氨酸 GB1 级；GB-2 为甘氨酸 GB2 级；GB-3 为甘氨
酸 GB3 级；SA-1 为水杨酸 1 级；SA-2 为水杨酸 2 级；SA-3 为水杨酸 3 级；SS 为盐胁
迫。数值为平均值±标准偏差。不同的字母代表实验处理之间在 $P<0.05$ 水平上的显著差
异。下同。

胁迫下，5 mmol/L 外源 GB 处理显著提高了幼苗的根和地上部生物量，而与
SS 处理相比，其余处理不影响幼苗的生物量。与正常生长条件相比，单独
NaCl 胁迫显著降低了根系和地上部生物量。外源喷洒 GB 和 SA 从而减轻了
NaCl 诱导的生长抑制，增加了根部和地上部的鲜重和干物质重。该研究结果
与 El Tayeb（2005）和 Arfan et al.（2007）的研究结果一致，他们提到外源喷
施 SA 缓解了盐分胁迫对小麦和大麦生长发育的不利影响。研究还证实，外源

叶面添加 GB 缓解了盐对许多植物种类根和茎扩张的影响，包括茄子（Abbas et al.，2010）、秋葵（Habib，2012）和生菜（Yildirim et al.，2015）。高 NaCl 胁迫导致棉花根和地上部 Na⁺ 显著积累，最终导致根和地上部生物量减少。但当喷施到叶片上时，中剂量（5.0 mmol/L）的外源 GB 显著提高了盐胁迫处理的根和地上部的鲜重。我们的结果也表明，根和地上部 Na^+ 含量与根和地上部生物量之间存在着显著的负相关关系。

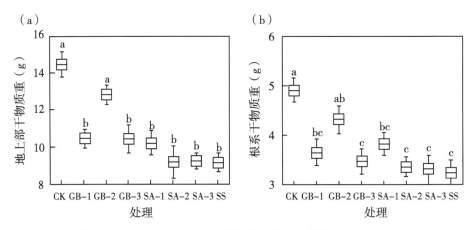

图 3-10　150 mmol/L NaCl 盐溶液条件下，外源 GB 和 SA 对
幼苗地上部干重（a）和根系干重（b）的影响

二、植株氮含量和电导率百分比

探讨外源 GB 和 SA 对高 NaCl 胁迫棉花植株全氮含量和 *PLC* 的影响具有重要意义。盐分胁迫会对植物的养分吸收产生负面影响，也会引发营养失衡而降低产量（Essa，2002；Qiu et al.，2017）。本研究结果发现，与对照相比，SS 棉花幼苗地上部和根部总氮含量分别显著降低了 30% 和 21%。与 SS 相比，外源 GB 和 SA 处理的幼苗地上部和根系中的全氮含量显著增加（图 3-11）。在 NaCl 条件下，两种渗透压处理对地上部和根系中的全氮含量都有类似的正影响，其中 1.0 mmol/L 外源 SA 处理的全氮积累量最高。在逆境条件下，改善氮营养对维持植物的营养生长至关重要。综上所述，尽管 NaCl 导致根和地上部全氮含量降低，但在高 NaCl 条件下，外源 GB 和 SA 均具有充分的氮营养能力。外源 GB 和 SA 能够提高严重 NaCl 胁迫下棉花植株的全氮浓度，这主要是由于其分子结构和适宜的剂量施用。最近，在一篇综述中报道，GB 是一种兼容的渗透压细胞，如禾本科植物（Annunziata et al.，2019）中发现的那样，含

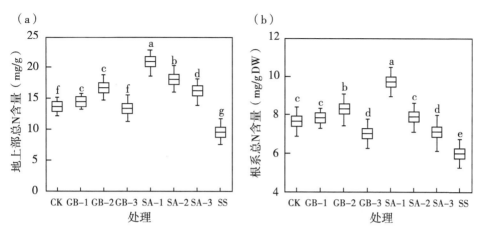

图 3-11　150 mmol/L NaCl 盐溶液条件下，外源 GB 和 SA 对地上部总氮含量（a）和根系总氮含量（b）的影响

有高比例的氮。

在所有试验处理中，*PLC* 随着从土壤表面到茎切面距离的增加而逐渐降低，并在从土壤表面到茎切面 25 cm 处保持不变，与栓塞的自然状态相对应。从土壤表面到切割的 5 cm 茎秆，SS 的 *PLC* 值较高（接近 100%），CK 的 *PLC* 值较低（低于 80%）（图 3-12）。外源叶面施用 GB 和 SA，尤其是中剂量的 GB 和最低剂量的 SA，在 NaCl 胁迫下，土壤表面到茎切面的距离从 5 cm 到 30 cm，显著降低了 *PLC* 值。

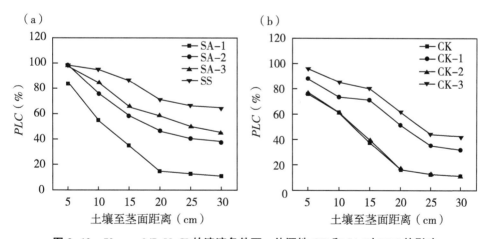

图 3-12　50 mmol/L NaCl 的溶液条件下，外源性 GB 和 SA 对 *PLC* 的影响

三、棉花幼苗地上部和根系离子浓度

表3-3和表3-4给出了NaCl胁迫、外源GB和SA对幼苗地上部和根部离子浓度的影响。150 mmol/L NaCl处理下，棉花地上部和根部的K^+、Ca^{2+}与Mg^{2+}浓度，以及K^+/Na^+比值均显著低于水分充足的幼苗。与对照相比，SS幼苗地上部和根系中Na^+的积累显著增加。外源喷施GB和SA均显著提高NaCl条件下棉苗地上部和根部K^+、Ca^{2+}和Mg^{2+}含量及K^+/Na^+含量，而所有浓度的外源GB和SA均显著降低了盐胁迫幼苗地上部与根系中的Na^+含量。然而，与CK相比，NaCl胁迫对幼苗地上部Ca^{2+}/Mg^{2+}比值的影响不显著，叶片喷施GB和SA对幼苗地上部Ca^{2+}/Mg^{2+}比值的影响也不显著（表3-3）。与CK相比，150 mmol/L NaCl处理下幼苗根系Ca^{2+}/Mg^{2+}比值显著高于CK，外源GB和SA处理均显著高于CK（表3-4）。总体而言，在高NaCl条件下，外源喷施GB和SA处理，中等剂量的GB在减轻Na^+毒性方面表现最好，高浓度（7.5 mmol/L）的GB在促进棉花幼苗地上部和根系中K^+积累方面表现最好。如图3-13和图3-14所示，地上部和根系Na^+含量之间，地上部和根系生物量积累之间建立了显著的负线性关系。

表3-3　150 mmol/L NaCl的盐水条件下外源GB和SA对地上部离子浓度的影响

处理	地上部离子含量（mg/g）				比值	
	K^+	Na^+	Ca^{2+}	Mg^{2+}	K^+/Na^+	Ca^{2+}/Mg^{2+}
CK	19.91±0.28e	0.44±0.02g	26.43±0.59d	3.86±0.40bc	45.13±1.25a	6.88±0.56ab
GB-1	22.73±0.12d	2.49±0.01d	26.49±022d	3.80±0.43bc	9.11±0.32d	7.88±1.13a
GB-2	25.08±0.43c	1.79±0.22f	28.26±0.63c	4.07±0.02b	13.95±0.62b	6.93±0.18ab
GB-3	27.19±0.21a	2.99±0.04c	31.02±0.61b	4.99±0.03a	9.08±0.12d	6.21±0.09b
SA-1	25.88±0.88b	2.20±0.29e	32.25±0.40a	5.16±0.40a	11.73±0.06c	6.26±0.41b
SA-2	22.74±0.13d	2.75±0.11c	28.39±0.63c	4.04±0.01b	8.26±0.31d	7.02±0.14ab
SA-3	19.74±0.01e	3.46±0.01b	25.69±0.15d	3.81±0.08bc	5.69±0.09e	6.73±0.10b
SS	18.59±0.12f	4.81±0.10a	21.01±0.39e	2.94±0.50d	3.86±0.02f	7.27±1.23ab

注：数值为平均值±标准偏差。CK为对照；GB-1为甘氨酸甜菜碱1级；GB-2为甘氨酸甜菜碱2级；GB-3为甘氨酸甜菜碱3级；SA-1为水杨酸1级；SA-2为水杨酸2级；SA-3为水杨酸3级；SS为盐胁迫。在$P<0.05$时，不同的字母代表实验处理之间的显著差异。下同。

表 3-4　150 mmol/L NaCl 盐溶液条件下外源 GB 和 SA 对根系离子浓度的影响

| 处理 | 根离子浓度（mg/g） | | | 比值 | | |
	K^+	Na^+	Ca^{2+}	Mg^{2+}	K^+/Na^+	Ca^{2+}/Mg^{2+}
CK	17.64±0.55c	1.41±0.03g	7.21±0.21d	3.85±0.13ab	12.43±0.92a	1.87±0.11e
GB-1	18.39±0.24b	4.05±0.05cd	7.67±0.69d	2.24±0.01d	4.53±0.32d	3.42±0.31b
GB-2	18.75±0.26b	2.94±0.58e	8.22±0.59c	3.12±0.01c	6.37±0.61c	2.63±0.18cd
GB-3	21.72±0.18a	4.87±0.11b	8.83±1.01b	3.54±0.11b	4.45±0.21d	2.49±0.20cd
SA-1	21.70±0.63a	2.25±0.29f	9.41±0.10a	4.13±0.34a	9.63±0.64b	2.29±0.17d
SA-2	18.51±0.27b	3.71±0.25d	8.88±0.24c	3.62±0.50b	4.99±0.86d	2.48±0.27cd
SA-3	17.56±0.56c	4.28±0.33c	8.29±0.29d	3.11±0.02c	4.09±0.45d	2.66±0.09c
SS	16.77±0.18d	7.00±0.34a	6.84±0.28e	1.80±0.15e	2.39±0.11e	2.79±0.15a

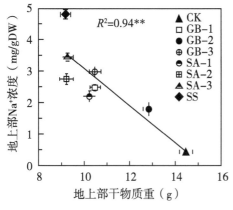

图 3-13　地上部 Na^+ 浓度和地上部
干重之间的关系

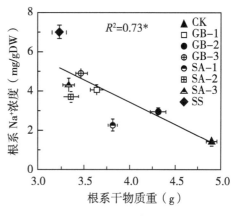

图 3-14　根系 Na^+ 浓度和根系
干重之间的关系

El-Tayeb（2005）的研究也同样指出与水分充足的植物相比，在盐胁迫条件下，外源叶面喷施 SA 降低了大麦幼苗地上部和根中 Na^+ 的含量，同时提高了 K^+、Ca^{2+} 和 P 的浓度。Gunes et al.（2007）和 Yildirim et al.（2008）也证明，与正常条件下相比，外源喷施 SA 抑制了盐胁迫下玉米植株 Na^+ 的吸收，提高了 N、P、K 和 Mg^{2+} 的积累。在盐碱条件下，叶面喷施 GB 改善了根系养分吸收，同时减少了盐溶液下 Na^+ 含量的积累（Rahman et al., 2002；Abbas et al., 2010；Habib et al., 2012）。叶面喷施 GB 可显著降低盐胁迫下植物叶片中的 Na^+ 含量，显著改善营养元素的积累（Gadallah, 1999）。以上报道与我们在 NaCl 条件下对外源性 GB 和 SA 的离子反应的研究类似。Yildirim et al.

（2015），外源喷施 GB 诱导植物生长改善的原因可能是植物器官中 K^+ 和 Ca^{2+} 积累较高，维持较高的 K^+/Na^+ 比值，并降低叶片 Na^+ 含量。在本研究中，外源 GB 和 SA 均显著提高了高 NaCl 胁迫下棉花根系营养元素的吸收，同时显著降低了根系和地上部 Na^+ 的含量。

四、*PLC* 与地上部养分的关系

无外源物质的高盐条件下，在离土壤表面不同距离的棉花茎中 *PLC* 最高。但叶面分别施用 5 mmol/L 的 GB 和 1 mmol/L 的 SA，可显著降低 *PLC*，主要集中在离土壤表面 30 cm 处。结果表明，棉花茎切 30 cm 处 *PLC* 与地上部养分含量显著相关（图 3-15）。

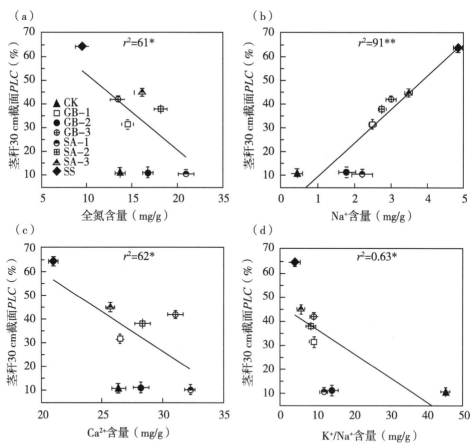

图 3-15 *PLC* 与地上部全氮含量（a）、地上部 Na^+ 含量（b）、
Ca^{2+} 含量（c）和 K^+/Na^+ 比值（d）之间的关系

五、小结

与 CK 相比，150 mmol/L NaCl 处理导致 Na$^+$ 在根系和地上部显著累积，并降低了 K$^+$、Ca^{2+} 和 Mg^{2+} 含量，以及根系和地上部的生物量。与无外源物质的盐处理相比，所有外源 GB 和 SA 处理使得上述离子含量发生明显地逆向变化，并提高了根系和地上部的生物量。在 NaCl 处理下，中等浓度的 GB（5 mmol/L）和最低浓度的 SA（1 mmol/L）对减轻 Na$^+$ 毒害和促进生物量积累更为显著。NaCl 胁迫也降低了株高、叶面积和叶水势等植株生长特征，以及根系和地上部的全氮含量，但 5 mmol/L 的 GB 和 1 mmol/L 的 SA 均提高了植株的生长特征与氮含量。总体上来看，在较高 NaCl 胁迫下，5 mmol/L 的 GB 对降低水力导度损失率（PLC）更为有效。在 150 mmol/L NaCl 胁迫下，外源 GB 只增加了内源 GB 浓度，而叶面喷施 SA 可以显著提高内源 GB 和 SA 浓度。

参考文献

ABDULLAH Z, AHMAD R, 1990. Effect of pre-and post-kinetin treatments on salt tolerance of different potato cultivars growing on saline soils [J]. Journal of Agronomy and Crop Science, 165（2-3）：94-102.

AHMAD P, ABDEL LATEF A A, HASHEM A, et al., 2016. Nitric oxide mitigates salt stress by regulating levels of osmolytes and antioxidant enzymes in chickpea [J]. Frontiers in Plant Science, 7：347.

ALASVANDYARI F, MAHDAVI B, HOSSEINI S M, 2017. Glycine betaine affects the antioxidant system and ion accumulation and reduces salinity-induced damage in safflower seedlings [J]. Archives of Biological Sciences, 69（1）：139-47.

ARFAN M, ATHAR H R, ASHRAF M, 2007. Does exogenous application of salicylic acid through the rooting medium modulate growth and photosynthetic capacity in two differently adapted spring wheat cultivars under salt stress? [J]. Journal of Plant Physiology, 164：685-694.

ARZANI A, ASHRAF M, 2016. Smart engineering of genetic resources for enhanced salinity tolerance in crop plants [J]. Critical Reviews in Plant Sciences, 35（3）：146-189.

BUCKLEY T N, 2005. The control of stomata by water balance [J]. New

Phytologist, 168 (2): 275-292.

CHAVES M M, FLEXAS J, PINHEIRO C, 2009. Photosynthesis under drought and salt stress: regulation mechanisms from whole plant to cell [J]. Annals Botany, 103 (4): 551-560.

CHEN T H, MURATA N, 2002. Enhancement of tolerance of abiotic stress by metabolic engineering of betaines and other compatible solutes [J]. Current Opinion in Plant Biology, 5: 250-257.

CHEN T H, MURATA N, 2008. Glycinebetaine: An effective protectant against abiotic stress in plants [J]. Trends Plant Science, 13: 499-505.

CHEN T H, MURATA N, 2011. Glycinebetaine protects plants against abiotic stress: mechanisms and biotechnological applications [J]. Plant Cell Environment, 34 (1): 1-20.

CUIN T A, SHABALA S, 2005. Exogenously supplied compatible solutes rapidly ameliorate NaCl-induced potassium efflux from barley roots [J]. Plant Cell Physiology, 46: 1924-1933.

DONG Y J, JINC S S, LIU S, et al., 2014. Effects of exogenous nitric oxide on growth of cotton seedlings under NaCl stress [J]. Journal of Soil Science and Plant Nutrition, 14: 1-13.

EL-BELTAGI H S, AHMED S H, NAMICH A A M, et al., 2017. Effect of salicylic acid and potassium citrate on cotton plant under salt stress [J]. Fresenius Environmental Bulletin, 26: 1091-1100.

GALVAN-AMPUDIA C S, TESTERINK C, 2011. Salt stress signals shape the plant root [J]. Current Opinion in Plant Biology, 14 (3): 296-302.

GUNES A, INAL A, ALPASLAN M, et al., 2007. Salicylic acid induced changes on some physiological parameters symptomatic for oxidative stress and mineral nutrition in maize (*Zea mays* L.) grown under salinity [J]. Journal of Plant Physiology, 164: 728-736.

HAMANI A K M, WANG G, SOOTHAR M K, et al., 2020. Responses of leaf gas exchange attributes, photosynthetic pigments and antioxidant enzymes in NaCl-stressed cotton (*Gossypium hirsutum* L.) seedlings to exogenous glycine betaine and salicylic acid [J]. BMC Plant Biology, 20 (1): 1-14.

HAMOUDA I, BADRI M, MEJRI M, et al., 2016. Salt tolerance of B eta macrocarpa is associated with efficient osmotic adjustment and increased apoplastic water content [J]. Plant Biology, 18 (3): 369-375.

HAYAT Q, HAYAT S, IRFAN M, et al., 2010. Effect of exogenous salicylic acid under changing environment: A review [J]. Environmental and Experimental Botany, 68: 14-25.

HEEG C, KRUSE C, JOST R, et al., 2008. Analysis of the Arabidopsis O-acetylserine (thiol) lyase gene family demonstrates compartment-specific differences in the regulation of cysteine synthesis [J]. Plant Cell, 20: 168-185.

HEUER B, 2003. Influence of exogenous application of proline and glycinebetaine on growth of salt-stressed tomato plants [J]. Plant Science, 165: 693-699.

HE Y, LIU Y, CAO W, et al., 2005. Effects of salicylic acid on heat tolerance associated with antioxidant metabolism in Kentucky bluegrass [J]. Crop Science, 45: 988-995.

HOQUE M A, BANU M N A, OKUMA E, et al., 2007. Exogenous proline and glycinebetaine increase NaCl-induced ascorbate-glutathione cycle enzyme activities, and proline improves salt tolerance more than glycinebetaine in tobacco bright Yellow-2 suspension cultured cells [J]. Journal of Plant Physiology, 164 (11): 1457-1468.

JAMIL M, LEE K J, KIM J M, et al., 2007. Salinity reduced growth PS2 photochemistry and chlorophyll content in radish [J]. Scientia Agricola, 64 (2): 111-118.

KADER M H A, CJEA S X, 2020. Reduction in photosynthesis of cotton seedling under water and salinity stresses is induced by both Stomatal and non-stomatal limitations [J]. Journal of Irrigation and Drainage, 39 (11): 13-18.

KHALIFA G S, ABDELRASSOUL M, HEGAZI A M, et al., 2016. Attenuation of negative effects of saline stress in two lettuce cultivars by salicylic acid and glycine betaine [J]. Gesunde Pflanzen, 68: 177-189.

KHAN M I R, ASGHER M, KHAN N A, 2014. Alleviation of salt-induced photosynthesis and growth inhibition by salicylic acid involves glycinebetaine and ethylene in mungbean (*Vigna radiata* L.) [J]. Plant Physiology Biochemistry, 80: 67-74.

KUREPIN L V, IVANOV A G, ZAMAN M, et al., 2015. Stress − related hormones and glycinebetaine interplay in protection of photosynthesis under abiotic stress conditions [J]. Photosynthesis Research, 126: 221-235.

LIU W, ZHANG Y, YUAN X, et al., 2016. Exogenous salicylic acid improves salinity tolerance of Nitraria tangutorum [J]. Russian Journal of Plant Physiology, 63: 132-142.

MASWADA H F, DJANAGUIRAMAN M, PRASAD P V V, 2018. Response of photosynthetic performance, water relations and osmotic adjustment to salinity acclimation in two wheat cultivars [J]. Acta Physiol Plant, 40 (6), 105.

MUCHATE N S, NIKALJE G C, RAJURKAR N S, et al., 2016. Plant Salt Stress: Adaptive Responses, Tolerance Mechanism and Bioengineering for Salt Tolerance [J]. Botanical Review, 82: 371-406.

MUNNS R, 2005. Genes and salt tolerance: Bringing them together [J]. New Phytologist, 167: 645-663.

NAVARRO A, BAÑON S, OLMOS E, et al., 2007. Effects of sodium chloride on water potential components, hydraulic conductivity, gas exchange and leaf ultrastructure of Arbutus unedo plants [J]. Plant Science, 172: 473-480.

NAZAR R, IQBAL N, SYEED S, et al., 2011. Salicylic acid alleviates decreases in photosynthesis under salt stress by enhancing nitrogen and sulfur assimilation and antioxidant metabolism differentially in two mungbean cultivars [J]. Journal of Plant Physiology, 168: 807-815.

QIU R, YANG Z, JING Y, et al., 2018. Effects of irrigation water salinity on the growth, gas exchange parameters, and ion concentration of hot pepper plants modified by leaching fractions [J]. HortScience, 53: 1050-1055.

RAHMAN M S, MIYAKE H, TAKEOKA Y, 2002. Effects of exogenous glycinebetaine on growth and ultrastructure of salt − stressed rice seedlings (*Oryza sativa* L.) [J]. Plant Production Science, 5: 33-44.

RAZA S H, ATHAR H R, ASHRAF M, et al., 2007. Glycinebetaine − induced modulation of antioxidant enzymes activities and ion accumulation in two wheat cultivars differing in salt tolerance [J]. Environment and Experimental Botany, 60: 368−376.

SAKAMOTO A, MURATA N, 2002. The role of glycine betaine in the protection of plants from stress: clues from transgenic plants [J]. Plant Cell and Environment, 25 (2): 163−171.

SEMIDA W M, 2014. A novel organo−mineral fertilizer can alleviate negative effects of salinity stress for eggplant production on reclaimed saline calcareous soil [J]. Acta Horticulturae, 1034: 493−499.

TAHJIB−UI−ARIF M, SOHAG A A M, AFRIN S, et al., 2019. Differential response of sugar beet to long−term mild to severe salinity in a soil−pot culture [J]. Agriculture, 9 (10): 223.

WANG C, WU S, TANKARI M, et al., 2018. Stomatal aperture rather than nitrogen nutrition determined water use efficiency of tomato plants under nitrogen fertigation [J]. Agricultural Water Management, 209: 94−101.

YANG X, LU C, 2005. photosynthesis is improved by exogenous glycinebetaine in salt−stressed maize plants [J]. Plant Physiology, 124 (3): 343−352.

YILDIRIM E, EKINCI M, TURAN M, et al., 2015. Roles of glycine betaine in mitigating deleterious effect of salt stress on lettuce (*Lactuca sativa* L.) [J]. Archives of Agronomy Soil Science, 61: 1673−1689.

第四章 低温和盐胁迫下棉花幼苗对外源褪黑素的生理与生化特性响应

　　新疆维吾尔自治区（以下简称新疆）地处欧亚大陆腹地，受温带大陆性干旱气候和封闭的内陆盆地的影响，形成了类型复杂多样、积盐重、面积广的盐渍化土壤。新疆盐渍化土壤的总面积已达 3 496.0 万亩，占新疆耕地面积（9 267.7 万亩）的 37.7%，其中北疆和南疆盐渍化土壤总面积分别达到 1 140.8 万亩和 2 355.2 万亩，分别占耕地面积（4 518.5 万亩和 4 749.2 万亩）的 25.2% 和 49.6%（张龙，2020）。从盐分的组成上看，北疆土壤以中性盐为主并伴随着碱化过程，南疆以 Na_2CO_3、$NaHCO_3$ 等碱性盐为主，具有较高的 pH 值（陆许可，2014）。盐碱胁迫是一种影响农作物生产的重要限制性因素，高浓度的盐碱胁迫会抑制作物的光合作用以及生物量的积累，破坏细胞膜结构，降低酶活性，从而打乱作物的生理功能，使得植株生长受到抑制，进而影响产量（严青青等，2019）。因此，研究盐碱胁迫对作物生长和生理生化特性的影响，不仅在生理生态学方面具有理论意义，而且对于作物生产具有重要的实践意义。

　　棉花是中国重要的经济纤维作物，新疆作为中国棉花主产区，2019 年新疆棉花产量约占国内棉花产量的 82.6%，籽棉产量占全球棉花产量的 24.3%，棉花生产对促进新疆经济发展和乡村振兴发挥着重要作用。但是沿天山以南一带的南疆棉区，无霜期较短、初霜期早、终霜期晚，春季气候多变，易在 4—5 月棉花播种至幼苗生长期间形成"倒春寒"等低温冷害问题，造成棉花烂种、烂芽、烂根和死苗，并导致棉田断垄或重播现象（王旭文，2016）。研究表明，棉种萌发的下限为 12 ℃，幼苗生长下限为 15 ℃。如果平均温度低于萌发和幼苗生长所需的下限，很容易造成种子腐烂、芽腐烂等现象（郝宏蕾等，2019）。低温能降低植物的光合效率，从而影响植物的能量吸收和有机物的积累（Hartley et al.，2006）。在我国，低温胁迫严重危害农作物的生长，致使生产成本增加及作物严重减产（宋静爽等，2019）。随着全球极端气候频现，多种非生物胁迫对植物生长发育乃至产量形成的负面影响越来越显著（陈丹等，

2016；董元杰等，2017）。因此，研究棉花对低温及盐碱胁迫的抵抗能力，寻求提高棉花抗低温和盐碱胁迫的方法显得尤为重要。因此，研究植物在低温和盐碱胁迫下的生理生化变化和响应机制，是选育高抗性品种的前提，对提高植物抗性具有重要的意义。

褪黑素是一种小分子吲哚类活性物质，不仅能提高细胞内抗氧化酶的活性，也是一种能够有效提高多种活性氧清除效率的天然抗氧化剂（张娜，2014）。褪黑素在植物体内也是广泛存在并具有重要的生理生化功能，在植物生长发育、生理过程调控及提高植物对生物和非生物胁迫响应等过程中具有重要作用。此外，植物不仅能够吸收环境中的褪黑素，逆境条件下，偏碱会降低褪黑素含量，偏酸会轻微的提高褪黑素含量，还可以在逆境条件下自行合成更多的内源褪黑素，而施加外源褪黑素能够提高植物光合酶的活性，从而维持植物光合作用的稳定性来抵御逆境胁迫的危害（Arnao et al.，2013）。目前，褪黑素的功能研究在苹果、黄瓜及玉米等植物中均有报道（李超，2016；王伟香，2015；侯雯等，2020），而施加外源褪黑素对低温条件下盐碱胁迫的棉花幼苗生长与生理特性的调控机理尚不明晰。因此，研究施加外源褪黑素对低温与盐碱胁迫下棉花生长与生理过程的调控效应，进而为建立棉花耐逆缓解技术提供理论基础和技术支持，研究结果对于区域盐碱地植棉和棉花稳产具有重要的意义。本研究以棉花为研究对象，以提高棉花抗逆能力为研究目的，分析低温和盐碱胁迫对棉花幼苗生长与生理生化特性的影响，明确外源褪黑素对低温与不同盐胁迫下棉花幼苗生长和生理生化特性的调控作用，提出适宜的外源褪黑素用量，为提升棉花抗逆能力提供支撑。

第一节　材料与方法

一、试验设计

试验于 2020 年在中国农业科学院七里营综合试验基地（35.09° N，113.48°E）的 FYS-20 型号人工气候室进行。人工气候室面积为 20 m²，湿度为 40%~50%，每日光照时间为 12 h（8：00—20：00），光照强度为 600 μmol/（m²·s）（图 4-1）。供试棉花品种为'新陆中 37'。试验包括中性盐胁迫（150 mmol/L，NaCl：Na₂SO₄＝9：1）、碱性盐胁迫（150 mmol/L，NaHCO₃：

Na_2CO_3 = 9 : 1）和盐碱混合胁迫（150 mmol/L，$NaCl$: Na_2SO_4 : $NaHCO_3$: Na_2CO_3 =9 : 1 : 9 : 1）3种盐碱胁迫处理，每个盐分胁迫设置都具有相同 Na^+ 离子浓度和总离子强度，并且 Na^+ 离子浓度保持在 150 mmol/L，25 ℃ 和 15 ℃ 两个温度处理，以及 0 μmol/L、50 μmol/L、100 μmol/L、150 μmol/L、200 μmol/L 5 个外源褪黑素处理，以浇灌 Hoagland 营养液作为对照（CK）；每个处理重复 12 次（表 4-1），盐分配方见表 4-2。在课题组前期研究的基础上提出的，江晓慧（2020）研究表明棉花苗期耐盐阈值介于 100～150 mmol/L，因此设定盐分浓度为 150 mmol/L。

图 4-1　棉花在人工气候室环境下的生长

表 4-1　试验设计

盐分	温度（℃）	褪黑素（μmol/L）	编号	重复					
中性150	15	0	1	1-1	1-2	1-3	1-4	……	1-12
		50	2	2-1	2-2	2-3	2-4	……	2-12
		100	3	3-1	3-2	3-3	3-4	……	3-12
		150	4	4-1	4-2	4-3	4-4	……	4-12
		200	5	5-1	5-2	5-3	5-4	……	5-12
	25	0	6	6-1	6-2	6-3	6-4	……	6-12
		50	7	7-1	7-2	7-3	7-4	……	7-12
		100	8	8-1	8-2	8-3	8-4	……	8-12
		150	9	9-1	9-2	9-3	9-4	……	9-12
		200	10	10-1	10-2	10-3	10-4	……	10-12

（续表）

盐分	温度 （℃）	褪黑素 （μmol/L）	编号	重复					
碱性 150	15	0	11	11-1	11-2	11-3	11-4	……	11-12
		50	12	12-1	12-2	12-3	12-4	……	12-12
		100	13	13-1	13-2	13-3	13-4	……	13-12
		150	14	14-1	14-2	14-3	14-4	……	14-12
		200	15	15-1	15-2	15-3	15-4	……	15-12
	25	0	16	16-1	16-2	16-3	16-4	……	16-12
		50	17	17-1	17-2	17-3	17-4	……	17-12
		100	18	18-1	18-2	18-3	18-4	……	18-12
		150	19	19-1	19-2	19-3	19-4	……	19-12
		200	20	20-1	20-2	20-3	20-4	……	20-12
盐碱 混合 150	15	0	21	21-1	21-2	21-3	21-4	……	21-12
		50	22	22-1	22-2	22-3	22-4	……	22-12
		100	23	23-1	23-2	23-3	23-4	……	23-12
		150	24	24-1	24-2	24-3	24-4	……	24-12
		200	25	25-1	25-2	25-3	25-4	……	25-12
	25	0	26	26-1	26-2	26-3	26-4	……	26-12
		50	27	27-1	27-2	27-3	27-4	……	27-12
		100	28	28-1	28-2	28-3	28-4	……	28-12
		150	29	29-1	29-2	29-3	29-4	……	29-12
		200	30	30-1	30-2	30-3	30-4	……	30-12
CK	15	0	T1	T1-1	T1-2	T1-3	T1-4	……	T1-12
	25	0	T2	T2-1	T1-2	T1-3	T2-4	……	T1-12

表4-2　盐溶液配方　　　　　　　　　　单位：mmol/L

盐分	试剂	浓度
中性盐胁迫	NaCl	122.72
	Na_2SO_4	13.64
碱性盐胁迫	$NaHCO_3$	122.72
	Na_2CO_3	13.64
盐碱混合胁迫	NaCl	61.36
	Na_2SO_4	6.82
	$NaHCO_3$	61.36
	Na_2CO_3	6.82

选择大小均匀、饱满的棉花种子，用多菌灵 1 000 倍液对种子进行消毒处理。消毒 30 min 后，用去离子水清洗。将消毒后的种子种植于装有 780 g 细沙的 PVC 桶（直径 6 cm，高度 24 cm）内；每桶播 3 粒种子，播深为 2 cm，用不透光纸板遮盖 PVC 桶，以保持表层湿润利于种子萌发。棉花种子萌发至处理前，统一置于昼夜温度为 25 ℃和 20 ℃的人工气候室内。待种子萌发后，取下遮光板，且按时浇水以保持沙子湿润，在棉花两片子叶完全展开时，进行定苗。待幼苗生长至 1 叶期时，开始浇 Hoagland 营养液（Hoagland 营养液的配方为 1 180 mg/L 四水硝酸钙、506 mg/L 硝酸钾、136 mg/L 磷酸二氢钾、693 mg/L 硫酸镁、微量元素 0.5 mL/L）（表 4-3）。利用便携式 pH 仪测定营养液的 pH 值，用稀盐酸调整 pH 值至 5.8~6.2，营养液 5 d 浇一次，每次 80 mL。棉花幼苗长至 2 叶 1 心时，随机分组进行处理，常温和低温处理的棉花幼苗分别放置于常温（昼夜温度为 25 ℃和 20 ℃）和低温（昼夜温度为 15 ℃和 15 ℃）人工气候室中。温度处理开始后第 0 天、第 4 天、第 9 天白天进行 150 mmol/L 盐水灌溉，每天气候室熄灯后将褪黑素溶液喷施于叶片（10 mL/株）。处理过程中，每 2~3 d 交换 PVC 桶位置以保证棉花幼苗所受环境影响一致。在第 1 天、第 5 天、第 10 天时，选取最新完全展开叶片进行各项指标测定。

表 4-3　营养液微量元素配方　　　　　单位：mg/L

微量元素	物质的量浓度
H_3BO_3	2.86
$MnSO_4 \cdot H_2O/MnSO_4 \cdot 4H_2O$	1.55/2.13
$ZnSO_4 \cdot 7H_2O$	0.22
$CuSO_4 \cdot 5H_2O$	0.08
$CuSO_4 \cdot 4H_2O/(NH_4)6MoO_{24} \cdot 4H_2O$	0.09/0.02
$Na_2Fe \cdot EDTA/FeSO_4 \cdot 7H_2O+Na_2EDTA$	24/20.57+27.89

二、观测项目与方法

（一）株高、叶面积和生物量

在第 1 天、第 5 天和第 10 天，每个处理分别选取 3 株棉花，采用规格为 mm 的直尺手动测量土壤表面到冠层顶端的高度，作为株高；同样采用规格为 mm 的直尺测量棉花叶片的长和宽，然后计算叶面积，叶面积＝叶长×

叶宽×叶面积系数，其中棉花的叶面积系数取 0.75（李平等，2014）。测量完后将处理后的棉苗地上部分取下，用千分之一电子天平称出鲜重；棉花根部缓慢冲洗干净，尽量保证根的完整性，然后再分别将棉花根与叶片置于烘箱中，先调至 105 ℃杀青 30 min，再调至 80 ℃烘干 24 h，然后采用万分之一电子天平称量干重。

（二）根系形态参数

在处理后的第 10 天测定根系形态参数。将棉花根系放尼龙网冲洗干净后，分多次平铺在 30 cm × 40 cm 的树脂玻璃槽内，注水 15 mm 左右，用 EPSON scan v3.771 扫描仪（日本）在 400 dpi 的精度下扫描得到根系图像，然后再分别采用 WinRHIZO Pro 2007a 根系分析软件对根系长度、平均直径、根系表面积和根系总体积（每个处理取 3 次重复测定，取均值）进行分析。

（三）叶片光合与叶绿素荧光参数

在施加处理后第 1 天、第 5 天、第 10 天，采用 LI-6400XT 光合作用测定系统（Licor，美国），在 9∶00—11∶00 测定棉花幼苗完全展开叶片的胞间 CO_2 浓度（C_i）、气孔导度（g_s），蒸腾速率（Tr）和净光合速率（P_n）。并计算表观叶肉导度（g_m），计算公式：$g_m = P_n/C_i$。测定条件为：红蓝光源叶室，PAR 由系统自带的 LED 提供，设置为 1 000 μmol/（m² · s），流速设为 500 μmol/（m² · s），叶室 CO_2 浓度设为 400 μmol/mol。每个处理选择 3 株进行测定。

测定叶片气体交换参数的同时，使用 MINI PAM 荧光仪（WALZ，德国）测定相同叶片的叶绿素荧光参数。采用暗适应夹具对叶片进行暗适应处理 30 min，暗适应完成后，连接光纤、叶夹和主机，开始测定棉花叶片初始、最大、可变和稳态荧光参数、光化学和非光化学猝灭参数、光系统中最大和实际光化学效率参数等。

同时采用 SPAD-502 型叶绿素仪（日本）测定相同叶片的 SPAD 值。

（四）水势与木质部栓塞

在第 1 天、第 5 天、第 10 天，每个处理分别选取 3 株进行破坏性取样，取样在 8∶00—9∶00 进行，用自封袋保存并放入装有冰袋的泡沫保温箱内待测；使用 WP4C 露点水势仪测定叶水势、茎水势和根水势。

在第 10 天每个处理分别选取 3 株，使用 XYLEM-Plus 木质部导水率与栓塞测量系统测定木质部水力导度损失百分比（PLC）。在水中从根部向上截取

3 cm 左右的茎段，再进一步截取带有茎节的茎段，以避免因破坏性取样导致的茎段压力变化对茎木质部产生的影响。在测量 PLC 之前，将高压（HP）储罐中充满 0.5 L 的蒸馏水并加压至 1 bar 或 2 bar。将水阀设置为 WATER，以清除 HP 储液罐中所有现存的气泡。用纯水冲洗低压（LP）储罐几次，以除去任何可能的颗粒，将茎样品以 LP 模式安装。首先测量初始水力传导率（K），然后冲洗样品两次以确定饱和水力传导率（K'），最后计算 PLC，计算公式：$PLC（\%）= 100 \times（1 - K'/K）$。

（五）棉花的离子含量

在处理后第 10 天，各处理取 3 株棉花幼苗的叶片和根系，放入烘箱 105 ℃杀青 30 min 后，75 ℃烘干，24 h 后取出，将叶片研磨成粉末状，每个样品称量 0.15 g，采用 $H_2SO_4 - H_2O_2$ 消煮；然后使用 AA3 流动分析仪测定样品的氮含量，具体操作如下：将仪器的管路放进纯水中，开电源，开始运行蠕动泵。根据检测指标检查每个通道波长，检查结束后，打开检测器开关，打开自动进样器开关。设置取样时间，建立运行文件。关闭不需要的通道，在需要使用的通道中，调灯强度；建立基线；检查试剂吸收，所有管路放入相应试剂中；建立基线；分析棉花叶片样品，运行结束后，清洗管路，导出数据，关闭所有电源。

采用火焰光度计测定棉花叶片、根系中 Na^+、K^+、Mg^{2+} 和 Ca^{2+} 离子的含量，具体操作如下：火焰光度计开机预热，预热完毕，选择所需测量的元素，设定元素的单位，选定校正方法，标定标准溶液；点火后，蒸馏水进样；将烟囱罩上；标定完成后，开始对棉花叶片样品溶液的测定；测试结束后，在继续燃烧条件下引入去离子水清洗约 5 min，关闭液化气，再关主机电源及空气压缩机电源开关。

（六）丙二醛（MDA）、可溶性糖以及抗氧化酶活性

采用可见分光光度计法测定丙二醛（MDA）含量。将新鲜的叶子（0.1 g）用 1 mL 的提取液进行冰浴匀浆，并以 8 000 g 离心 10 min，取上清液置冰上待测。将上清液与试剂混合后的混合液在 100 ℃水浴中保温 60 min 后（盖紧防止水分散失），置于冰浴中快速冷却，以 10 000 r/min 离心 10 min。取上清至 1 mL 玻璃比色皿中，测定各样本在 450 nm、532 nm 和 600 nm 处测定吸光度，并通过以下公式估算 MDA 浓度：$MDA（\mu mol/g\ FW）= 6.45（OD_{532} - OD_{600}）- 0.56 \times OD_{450}$，试验中根据试剂盒说明书测定方法测定，所用试剂盒由 Solarbio 公司提供。

可溶性糖通过蒽酮比色法测定。称取待测样本 0.2 g 按照待测样品质量（g）：蒸馏水（mL）= 1：10 比例加入蒸馏水快速充分研磨放入离心管中，放在沸水浴中提取 10 min 后取出（盖紧，盖管上扎一小孔，以平衡气压和减少水分流失），冷却至室温后进行常温 4 000 r/min 离心 10 min，取上清液用蒸馏水 10 倍稀释后制备样品上清液待测。取样品上清液 0.2 mL 放入试管中，向其加入浓硫酸 1 mL、试剂 0.1 mL，放在 90 ℃水浴中反应 10 min 后，冷却至室温。用分光光度计在波长 620 nm 测定吸光度，根据样品质量和标准曲线计算可溶糖含量，试验中根据试剂盒说明书测定方法测定，所用试剂盒由南京建成生物科技有限公司提供。

抗氧化酶活性的测定方法如下：取 0.3 g 叶片样品放入预冷的磷酸缓冲液中快速充分研磨，将匀浆倒入离心管中，在 4 ℃下离心 25 min（12 000 g），取上清液用于抗氧化酶活性的测定。超氧化物歧化酶（SOD）酶活性根据 WST-1 法测定；过氧化物（POD）酶活性根据 Maehly et al.（1954）的方法利用过氧化物酶催化氧化氢反应的原理，通过测定 420 nm 处吸光度的变化得出其酶活性。过氧化氢酶（CAT）采用酸铵法测定，试验中根据试剂盒说明书测定方法测定，所用试剂盒由南京建成生物科技有限公司提供。

第二节　低温和盐碱胁迫对棉花生长指标的影响

一、对棉花株高、叶面积的影响

图 4-2 给出了不同盐分胁迫和低温对棉花幼苗株高与叶面积的影响。低温和盐分胁迫下，棉花幼苗的株高随温度降低而降低，盐与低温双重逆境对棉花幼苗叶面积的影响具有叠加效应，而不同温度处理盐分胁迫下的棉花株高基本一致。由表 4-4 主体间效应检验结果可知，温度、盐分胁迫、盐低温双重胁迫的交互作用对棉花幼苗叶面积的影响达极显著或显著水平，但低温处理与常温处理的盐分胁迫之间的叶面积差异不明显，温度、盐碱混合胁迫对幼苗株高影响显著，盐与低温胁迫的交互作用对株高也无显著影响。与 CK 相比，棉花幼苗的株高跟叶面积在 15 ℃低温与不同盐碱性盐胁迫组合的处理中生物量都有显著性变化，均随着中、碱、盐碱混合胁迫分别下降了 8.3%、7.8%、10.6%和 25.9%、25.3%、32.7%，其中中性盐盐胁迫的棉花叶面积与 CK 间

的差异显著，盐碱混合胁迫对株高影响的下降程度要略微大于中性和碱性盐胁迫。在 25 ℃条件下，与 CK 相比，中性盐胁迫对棉花株高的影响差异性不明显，分别下降了 1.6%、2.5% 和 7.9%，而对棉花叶面积的影响与 15 ℃低温处理相似，分别下降了 39.8%、40.2% 和 36.7%。

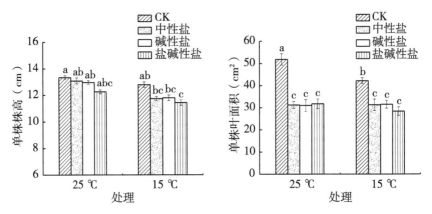

图 4-2　盐碱胁迫和低温对棉花幼苗株高、叶面积的影响

二、对棉花生物量的影响

生物量是胁迫条件下体现植物生长情况的关键指标之一。图 4-3 给出了不同盐碱胁迫和低温处理对棉花幼苗生物量的影响。与对照相比，盐分胁迫和低温显著降低了棉花幼苗的生物量；25 ℃处理下，中性盐、碱性盐、盐碱混合胁迫棉花幼苗的地上部鲜重、地上部干重和根干重分别降低了 31.9%、47.4%、40.2%，21.9%、33.0%、34.3% 和 16.1%、33.7%、18.2%；而 15 ℃条件下，中性盐、碱性盐和盐碱混合处理的地上部鲜重、地上部干重及根干重分别减少 27.7%、20.4%、25.2%，9.2%、11.1%、12.6% 和 4.0%、7.7%、15.0%。25 ℃时碱性盐胁迫对生物量的影响最大，15 ℃时盐碱混合胁迫引起的生物量减少幅度最高。由表 4-4 的主体间效应检验结果可知，温度、盐分胁迫均对棉花幼苗地上部干重的影响达极显著或显著水平，盐分胁迫对地上部鲜重存在极显著影响，但根干重只在盐碱混合盐胁迫时与 CK 的差异达极显著水平，温度对中性盐胁迫棉花的地上部鲜重，以及盐碱混合盐胁迫棉花的根干重有显著或极显著影响，盐分与低温胁迫的交互作用只在碱性盐胁迫下对棉花幼苗生物量产生极显著的影响。

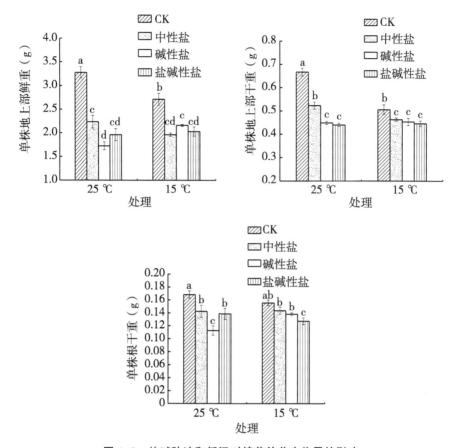

图 4-3　盐碱胁迫和低温对棉花幼苗生物量的影响

表 4-4　盐碱胁迫和低温对棉花幼苗株高、叶面积以及生物量的主体间效应检验

主体间 效应检验	指标	株高	叶面积	地上鲜重	地上部干重	根干重
中性盐	温度	0.018*	0.003**	0.023*	0.000**	0.146
	盐分	0.142	0.000**	0.000**	0.004**	0.002**
	温度×盐分	0.898	0.003**	0.600	0.031*	0.082
碱性盐	温度	0.006**	0.004**	0.889	0.006**	0.169
	盐分	0.052	0.000**	0.000**	0.000**	0.001**
	温度×盐分	0.872	0.002**	0.002**	0.004**	0.004**
盐碱混合盐	温度	0.041*	0.000**	0.054	0.022*	0.035*
	盐分	0.046*	0.000**	0.000**	0.032*	0.003**
	温度×盐分	0.846	0.022*	0.301	0.303	0.882

注：* 表示 $P<0.05$ 级别相关性显著，** 表示 $P<0.01$ 级别相关性显著。

三、对棉花根系形态的影响

温度对棉花幼苗根体积的影响显著或极显著，在中性盐胁迫时对根表面积以及平均直径的影响显著或极显著，而根长只在碱性盐胁迫时有显著差异；盐分胁迫对幼苗根系形态参数影响显著或极显著；盐与低温双重胁迫的交互作用对幼苗平均直径影响极显著或显著，根长在中性盐以及盐碱混合胁迫的交互作用时有显著性影响，而根表面积只在碱性盐胁迫的交互作用时影响显著，根体积在中性盐胁迫与温度的交互作用时无显著性变化。总体来看，无论何种处理条件下，CK 的根系指标都显著高于胁迫处理。25 ℃条件下，与 CK 相比，中性盐、碱性盐、盐碱混合胁迫棉花的根长、根表面积、平均直径及根体积分别减少了 29.9%、46.7%、41.1%，25.8%、45.5%、32.6%，3.2%、4.2%、1.8%和 26.5%、47.3%、33.7%，且碱性盐胁迫的根系形态参数都小于其他盐分处理，但差异并不显著。15 ℃条件下，中性盐、碱性盐、盐碱混合胁迫棉花的根长、根表面积和根体积分别比 CK 减少了 53.2%、43.3%、58.7%，42.1%、27.6%、40.2%和 26.7%、6.1%、21.1%，平均直径则呈上升趋势，分别增加了 23.2%、26.4%、43.6%。但中性盐胁迫的根表面积、平均直径以及根体积下降的程度大于其他盐分处理，中性盐胁迫较碱性盐胁迫的平均直径有显著性差异，而根长则是盐碱性盐胁迫下降更为明显，但处理之间差异不明显（表 4-5、表 4-6）。

表 4-5   盐碱胁迫和低温对棉花幼苗根系形态参数的影响

温度	处理	根长 （cm）	根表面积 （cm²）	平均直径 （mm）	根体积 （cm³）
25 ℃	CK	1 138.16±27.94b	156.14±2.74a	0.47±0.04ab	1.83±0.13a
	中性盐	797.45±14.55c	115.68±1.22b	0.45±0.02b	1.34±0.07b
	碱性盐	606.38±16.40de	85.02±2.87c	0.45±0.05b	0.96±0.14c
	盐碱性盐	669.82±39.32d	105.15±8.78b	0.46±0.05ab	1.21±0.18bc
15 ℃	CK	1 262.74±51.65a	142.90±6.51a	0.36±0.02c	1.27±0.02b
	中性盐	590.24±23.26de	82.78±13.21b	0.44±0.05b	0.93±0.28c
	碱性盐	715.71±3.26cd	103.53±6.22bc	0.46±0.01ab	1.19±0.05bc
	盐碱性盐	521.17±7.37e	85.44±4.45c	0.52±0.02a	1.00±0.20bc

注：同一列不同小写字母表示不同处理间差异显著（$P<0.05$）；每个数据为均值±标准偏差，且 3 次重复。

表 4-6　盐碱胁迫和低温对棉花幼苗根系形态参数的主体效应检验

主体间效应检验	指标	根长	根表面积	平均直径	根体积
中性盐	温度	0.431	0.016*	0.005**	0.00**
	盐分	0.000**	0.000**	0.034*	0.000**
	温度×盐分	0.010*	0.335	0.012*	0.128
碱性盐	温度	0.034*	0.870	0.006**	0.004**
	盐分	0.000**	0.000**	0.024*	0.000**
	温度×盐分	0.872	0.028*	0.002**	0.000**
盐碱混合盐	温度	0.753	0.014*	0.087	0.004**
	盐分	0.000**	0.000**	0.001**	0.001**
	温度×盐分	0.011*	0.491	0.002**	0.024*

注：* 表示 $P<0.05$；** 表示 $P<0.01$。

第三节　低温和盐碱胁迫对棉花生理特性的影响

由图 4-4 可以看出，15 ℃时棉花叶片的 Pn、g_s、Tr 和 SPAD 在 3 种不同盐分胁迫下的变化趋势是相似的，均与 CK 相比显著下降且处理间无明显差异；g_m 则在碱性胁迫及盐碱混合胁迫下与中性盐胁迫差异显著；25 ℃时棉花叶片的 Pn、g_m、g_s、Tr 和 SPAD 的变化趋势大致相同，碱性盐和盐碱混合胁迫下的降低幅度大于中性盐胁迫，但 Pn 在碱性盐胁迫和盐碱混合胁迫处理间的差异并不显著。g_s 随中性盐、碱性盐、盐碱混合胁迫的顺序逐渐降低；而胞间 CO_2 浓度（C_i）的变化趋势是先增加后下降，且受温度变化的影响，使得 15 ℃比低温 25 ℃时的变化幅度要更为急剧。总体来看，与 CK 相比，除 C_i 外胁迫处理棉花叶片的光合参数以及 SPAD 都明显下降。盐分与低温双重胁迫对棉花幼苗 g_s 和 Tr 影响具有叠加效应。表 4-7 的主体间效应检验结果表明，温度、盐分胁迫、盐分胁迫与温度的交互作用都显著影响棉花幼苗的 SPAD，盐碱混合胁迫对 g_m、Pn、g_s 和 Tr 和碱性盐胁迫对 g_m、Pn、g_s 的影响达极显著水平，而中性盐胁迫对 Pn、Tr 的影响达极显著或显著水平；温度在盐碱性胁迫时对光合参数均无显著性影响，在碱性盐胁迫与

低温的交互作用时 Tr 有显著影响，其他盐分胁迫与低温的交互作用对光合参数均无显著性影响。

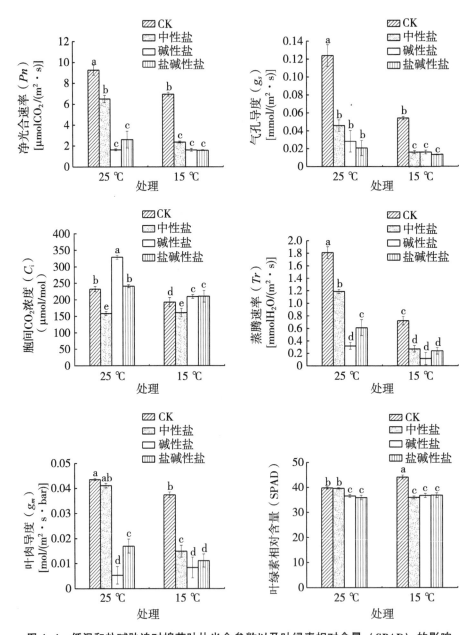

图4-4 低温和盐碱胁迫对棉花叶片光合参数以及叶绿素相对含量（$SPAD$）的影响

表 4-7 盐碱胁迫和低温对棉花幼苗光合参数的主体间效应检验

盐分类型	指标	$SPAD$	$photo$	g_s	C_i	Tr	g_m
中性盐	温度	0.001 **	0.001 **	0.014 *	0.526	0.000 **	0.048 *
	盐分	0.000 **	0.004 **	0.050	0.096	0.012 *	0.110
	温度×盐分	0.000 **	0.346	0.450	0.478	0.615	0.189
碱性盐	温度	0.001 **	0.263	0.148	0.037 *	0.004 **	0.823
	盐分	0.000 **	0.000 **	0.031 *	0.113	0.000	0.001 **
	温度×盐分	0.010 *	0.268	0.293	0.246	0.028 *	0.519
盐碱混合盐	温度	0.000 **	0.173	0.167	0.485	0.006	0.512
	盐分	0.000 **	0.001 **	0.022 *	0.792	0.003 **	0.017 *
	温度×盐分	0.001 **	0.581	0.253	0.926	0.102	0.983

注：* $P<0.05$ 相关性显著；** $P<0.01$ 相关性极显著。

温度、盐与低温双重胁迫的交互作用对过剩光能（$1-qP/NPQ$）的影响极显著或显著，在中性盐胁迫以及碱性盐胁迫时对非光化学猝灭（NPQ、qN）有极显著或显著影响，而非光化学猝灭（NPQ、qN）在中性盐及盐碱混合胁迫的温度下呈显著水平。与 CK 相比，3 种不同盐分胁迫处理的非光化学猝灭（NPQ、qN）以及 25 ℃时的过剩光能（$1-qP/NPQ$）都有不同程度的上升趋势，光化学猝灭（qP）则与之相反。中性盐胁迫下非光化学猝灭（NPQ、qN）及光化学猝灭（qP）高于其他盐分处理，而过剩光能（$1-qP/NPQ$）则降幅最大（表 4-8、表 4-9）。在同一温度条件下，中性盐胁迫和盐碱混合胁迫对棉花叶片的 F_m、F_o、F_v/F_m 的影响达显著或极显著水平，而碱性盐胁迫则显著影响 F_m、F_v/F_m；盐分胁迫均对 Y（Ⅱ）的影响达极显著水平，但 F_o 只在碱性盐胁迫和盐碱混合胁迫时有显著性差异，而 F_v/F_m 则与之相反；中性盐与低温双重胁迫交互作用下只对 F_m 有显著影响，而对 F_o、Y（Ⅱ）及 F_v/F_m 则无显著影响。与 CK 相比，25 ℃时不同盐分胁迫处理的 F_m 略有升高，15 ℃则有所下降，各盐分之间差异不明显。碱性盐胁迫的 F_o 与 CK 相比略有增加，而 25 ℃下盐碱性盐则增加幅度明显。25 ℃各盐分处理的 F_v/F_m 在中性盐胁迫时与 CK 的差异显著，15 ℃下则不显著。Y（Ⅱ）对盐胁迫比较敏感，在碱性盐胁迫和盐碱性盐处理时显著下降。

表 4-8　盐碱胁迫和低温对棉花幼苗叶绿素荧光特性的影响

温度(℃)	盐分	非光化学淬灭(NPQ)	非光化学淬灭(qN)	光化学淬灭(qP)	过剩光能[(1-qP)/NPQ]	光合最大荧光(Fm)	光合最小荧光(Fo)	最大光合效率(Fv/Fm)	实际光合效率[Y(II)]
25	CK	1.31±0.32b	0.72±0.013b	0.66±0.107a	0.21±0.09d	1 344.33±17.60c	362.11±4.87bc	0.71±0.007bc	0.26±0.005a
	中性盐	2.05±0.26a	0.83±0.001a	0.53±0.078ab	0.24±0.01d	1 486.67±15.08ab	360.75±5.48bc	0.76±0.001a	0.21±0.008b
	碱性盐	1.51±0.19b	0.76±0.003ab	0.33±0.004bc	0.45±0.05bc	1 352.75±9.29bc	397.25±8.00ab	0.70±0.029bc	0.15±0.006c
	盐碱性盐	1.58±0.13b	0.81±0.005ab	0.42±0.063abc	0.37±0.11c	1 346.42±12.66bc	438.50±2.00a	0.67±0.038c	0.14±0.002c
15	CK	1.08±0.23c	0.59±0.003c	0.40±0.022abc	0.56±0.15a	1 655.39±10.69a	321.72±1.77c	0.76±0.038ab	0.25±0.005a
	中性盐	1.61±0.16b	0.77±0.015ab	0.38±0.031abc	0.40±0.05c	1 531.17±14.73ab	332.22±3.06c	0.78±0.034a	0.17±0.020bc
	碱性盐	1.60±0.40b	0.76±0.014ab	0.28±0.010c	0.46±0.12abc	1 549.00±45.43ab	398.33±9.43ab	0.75±0.036ab	0.15±0.040c
	盐碱性盐	1.31±0.03bc	0.74±0.005ab	0.29±0.060c	0.54±0.08ab	1 584.17±73.42a	347.92±3.24bc	0.78±0.022a	0.13±0.030c

注：同一列不同小写字母表示不同处理间差异显著（P<0.05）；每个数据为均值±标准偏差，且 3 次重复。

表 4-9　盐碱胁迫和低温对棉花幼苗根系形态参数的主体效应检验

盐分类型	指标	非光化学淬灭(NPQ)	非光化学淬灭(qN)	光化学淬灭(qP)	过剩光能[(1-qP)/NPQ]	光合最大荧光(Fm)	光合最小荧光(Fo)	最大光合效率(Fv/Fm)	实际光合效率[Y(II)]
中性盐	温度	0.010*	0.042*	0.105	0.000**	0.005**	0.029*	0.038*	0.223
	盐分	0.003**	0.004**	0.848	0.066	0.154	0.992	0.007**	0.004**
	温度×盐分	0.997	0.368	0.901	0.019*	0.007**	0.373	0.111	0.394
碱性盐	温度	0.220	0.133	0.245	0.001**	0.003**	0.301	0.022*	0.749
	盐分	0.037*	0.024*	0.056	0.078	0.785	0.014*	0.506	0.000**
	温度×盐分	0.082	0.157	0.607	0.001**	0.138	0.276	0.923	0.937
盐碱混合盐	温度	0.012*	0.037*	0.140	0.000**	0.001**	0.003**	0.001**	0.628
	盐分	0.063	0.015*	0.203	0.075	0.594	0.012*	0.594	0.000**
	温度×盐分	0.402	0.468	0.974	0.028*	0.139	0.153	0.105	0.951

注：* P<0.05；** P<0.01。

　　由图4-5和表4-10的差异显著性检验结果可知，温度、盐分胁迫、盐低温双重胁迫的交互作用对棉花叶片过氧化氢酶（CAT）的影响达极显著水平，

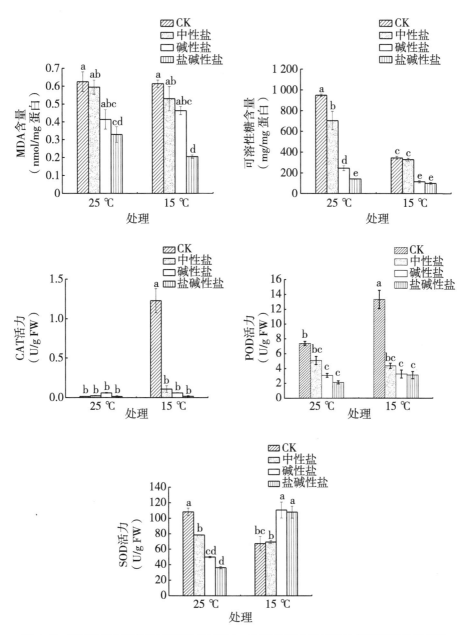

图4-5　低温和盐碱胁迫对棉花叶片MDA、可溶性糖含量以及抗氧化酶活性的影响

但可溶性糖、超氧化物歧化酶（SOD）活性只在中性盐胁迫下的温度处理间达极显著或显著水平。盐分胁迫显著影响过氧化物酶（POD）活性及可溶性糖含量；碱性盐胁迫和盐碱混合胁迫均与低温的交互作用对 SOD 的影响达极显著水平，但对 POD、可溶性糖含量和 MDA 均无显著影响。盐与低温双重胁迫对棉花幼苗可溶性糖含量的影响具有叠加效应。与 CK 相比，除 15 ℃时 SOD 在碱性盐和盐碱混合盐胁迫下增加、25 ℃的 CAT 整体变化不明显以外，其他盐碱胁迫和低温处理下棉花叶片的 MDA、可溶性糖含量及抗氧化酶活性都有不同程度的降低，且整体趋势表现为中性盐>碱性盐>盐碱性盐。15 ℃时的中性盐、碱性盐、盐碱混合胁迫棉花的可溶性糖、POD、CAT 及 MDA 相比 CK 分 别 减 少 了 4.7%、66.5%、70.8%，67.1%、75.4%、76.4%，95.6%、97.6%、99.3% 和 13.1%、24.0%、66.4%，SOD 增加了 2.9%、64.6%、60.6%；25 ℃时的可溶性糖、SOD、POD 及 MDA 则分别减少了 25.8%、7.4%、85.0%，27.5%、53.9%、66.5%，31.0%、58.2%、71.0% 和 4.1%、33.3%、46.9%。

表 4-10　盐碱胁迫和低温对棉花叶片 MDA、可溶性糖含量
以及抗氧化酶活性的主体间效应检验

盐分类型	指标	可溶性糖	SOD	POD	CAT	MDA
中性盐	温度	0.007**	0.015*	0.155	0.003**	0.653
	盐分	0.015*	0.124	0.010*	0.005**	0.502
	温度×盐分	0.663	0.086	0.081	0.005**	0.749
碱性盐	温度	0.047*	0.262	0.103	0.004**	0.815
	盐分	0.000**	0.389	0.003**	0.005**	0.053
	温度×盐分	0.395	0.000**	0.123	0.004**	0.713
盐碱混合盐	温度	0.101	0.094	0.071	0.004**	0.419
	盐分	0.000**	0.089	0.002**	0.004**	0.002**
	温度×盐分	0.201	0.000**	0.177	0.004**	0.497

注：* 表示 $P<0.05$ 级别相关性显著；** 表示 $P<0.01$ 级别相关性显著。

由表 4-11，表 4-12 的差异显著性检验结果和图 4-6 可知，温度在 3 种盐分胁迫下对棉花叶片 Na^+ 的影响达极显著或显著水平，K^+ 只在中性盐以及碱性盐时有显著性差异；Na^+、Ca^{2+}、Mg^{2+} 和 Na^+ 在盐分胁迫下有极显著的变化，

但中性盐以及碱性盐分别与低温双重胁迫的交互作用对 Na⁺ 均有明显影响。与 CK 相比，各胁迫处理棉花幼苗的 Na⁺、K⁺、Mg^{2+} 和 Ca^{2+} 下降，Na^+/K^+、Na^+ 则上升。K^+ 随温度的降低而增加，Na^+、Na^+/K^+ 则降低。25 ℃时的盐碱混合胁迫下棉花叶片的 Ca^{2+} 含量远远高于中性盐和碱性盐胁迫处理，15 ℃的中性盐胁迫处理的 Ca^{2+} 含量则明显低于碱性盐和盐碱混合胁迫处理。

表 4-11 盐碱胁迫和低温对棉花叶片 Ca^{2+}、Mg^{2+}、K^+、Na^+ 的影响

温度（℃）	盐分	叶片离子含量（mg/g FW）			
		Ca^{2+}	Mg^{2+}	K^+	Na^+
25	CK	7.45±0.23a	8.68±0.13a	21.71±1.03abc	2.17±0.40de
	中性盐	6.05±0.01c	5.00±0.96b	19.88±0.87bc	11.78±0.07ab
	碱性盐	5.96±0.28c	5.28±0.74b	19.45±0.10c	12.70±0.21a
	盐碱性盐	7.05±0.10a	5.24±0.83b	19.58±0.51bc	10.40±0.10bcd
15	CK	7.25±0.32a	9.73±0.33a	23.34±0.81a	1.37±0.25e
	中性盐	5.87±0.34c	5.89±0.44b	22.64±0.62a	5.36±0.24cde
	碱性盐	6.54±0.25ab	5.57±0.26b	21.22±1.06ab	6.60±0.48bcde
	盐碱性盐	6.57±0.07ab	5.78±0.51b	21.32±0.64a	7.02±0.02abc

注：同一列不同小写字母表示不同处理间差异显著（$P<0.05$）；每个数据为均值±标准偏差，且3次重复。

表 4-12 盐碱胁迫和低温对棉花叶片 Ca^{2+}、Mg^{2+}、K^+、Na^+ 的主体效应分析

盐分类型	指标	Ca^{2+}	Mg^{2+}	K^+	Na^+
中性盐	温度	0.623	0.358	0.015*	0.000**
	盐分	0.006**	0.001**	0.456	0.000**
	温度×盐分	0.984	0.515	0.102	0.000**
碱性盐	温度	0.477	0.404	0.027*	0.003**
	盐分	0.003**	0.000**	0.087	0.000**
	温度×盐分	0.170	0.294	0.194	0.020*
盐碱混合盐	温度	0.139	0.383	0.066	0.014*
	盐分	0.030*	0.001**	0.020*	0.000**
	温度×盐分	0.510	0.399	0.677	0.088

注：* 表示 $P<0.05$；** 表示 $P<0.01$。

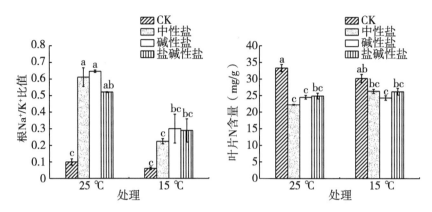

图 4-6 盐碱胁迫和低温对棉花叶片 Na⁺/K⁺、氮含量的影响

表4-13为叶片离子含量与光合参数间的相关性分析。15 ℃中性盐胁迫条件下，叶片净光合速率与叶片 Mg^{2+}、K^+ 及 Ca^{2+} 呈现极显著正相关或显著正相关关系，其相关系数分别为 0.959、0.980、0.851；盐碱混合胁迫的 Pn 与叶片 Mg^{2+} 及 Ca^{2+} 呈现极显著正相关或显著正相关，其相关系数分别为 0.970、0.824；而碱性盐胁迫的 Pn 只与叶片 Mg^{2+} 呈现极显著正相关，其相关系数为 0.970。25 ℃时 Pn 在碱性盐胁迫、盐碱混合胁迫下与叶片 N、Mg^{2+} 呈现极显著正相关或显著正相关。15 ℃时，叶片 Mg^{2+}、Ca^{2+} 与气孔导度（g_s）呈现极显著正相关或显著正相关关系，盐碱性盐胁迫时 Mg^{2+} 和 Ca^{2+} 与气孔导度（g_s）其相关系数差别不大分别为 0.929 和 0.979。15 ℃条件下，叶片 Mg^{2+}、Ca^{2+} 与叶肉导度（g_m）的相关系数呈现极显著正相关或显著正相关关系，而 25 ℃时则只有碱性盐胁迫的 g_m 与 Mg^{2+}、Ca^{2+} 呈显著正相关。Na^+ 与光合参数的相关关系均为负相关。

表4-13 叶片离子含量与光合参数间相关分析

因子	温度（℃）	盐分	N	Ca^{2+}	Mg^{2+}	K^+	Na^+
净光合速率（Pn）	15	中性盐	0.502	0.851*	0.959**	0.980**	−0.988**
		碱性盐	0.719	0.802	0.970**	0.083	−0.948**
		盐碱性盐	0.459	0.824*	0.970**	0.492	−0.972**
	25	中性盐	0.911*	0.771	0.727	0.394	−656
		碱性盐	0.984**	0.797	0.814*	0.622	−0.905*
		盐碱性盐	0.993**	0.536	0.813*	0.442	−0.773

（续表）

因子	温度（℃）	盐分	N	Ca^{2+}	Mg^{2+}	K$^+$	Na$^+$
气孔导度（g_s）	15	中性盐	0.643	0.876*	0.983**	0.998**	−990**
		碱性盐	0.809	0.884*	0.993**	0.135	−0.923**
		盐碱性盐	0.533	0.929**	0.979**	0.618	−0.998**
	25	中性盐	0.544	0.390	0.399	0.607	−0.813*
		碱性盐	0.664	0.492	0.466	0.709	−0.848*
		盐碱性盐	0.584	−0.026	0.386	0.728	−0.830*
叶肉导度（g_m）	15	中性盐	0.629	0.909*	0.987**	0.991**	−0.998**
		碱性盐	0.803	0.835*	0.985**	0.236	−0.972**
		盐碱性盐	0.470	0.913*	0.968**	0.615	−0.993**
	25	中性盐	0.647	0.666	0.576	0.640	−0.237
		碱性盐	0.958**	0.816*	0.820*	0.755	−0.987**
		盐碱性盐	0.870*	0.473	0.736	0.786	−0.951**

注：$*$ 表示 $P<0.05$；$**$ 表示 $P<0.01$。

由表4-14，表4-15的差异显著性检验结果和图4-6可知，温度及盐分胁迫对棉花根系 K$^+$ 的影响达极显著水平；N 和 Na$^+$ 在盐分胁迫下也有极显著变化，而 Ca^{2+} 只在中性盐胁迫以及盐碱混合胁迫时有显著性变化；温度、盐分胁迫及其交互作用对棉花叶片 Mg^{2+} 的影响并不显著，但盐与低温双重胁迫的交互作用对碱性盐时的 Ca^{2+}、盐碱混合胁迫时的 Na^{2+} 的影响极显著。15 ℃时，不同盐分胁迫下棉花根系的 Ca^{2+}、Mg^{2+}、K$^+$ 与 CK 相比都有不同程度的下降，碱性盐胁迫处理的降低趋势最为明显；25 ℃处理下，不同盐分胁迫棉花根系的 Mg^{2+}、K$^+$ 始终低于 CK；整体与 15 ℃相比，Mg^{2+} 变化趋势一致，K$^+$ 在处理间并没有明显变化，Ca^{2+} 除碱性盐胁迫骤增以外也是明显低于 CK，而 Na$^+$/K$^+$、Na$^+$ 则在不同处理下都急剧上升，N 与 CK 相比的变化趋势同 25 ℃下的 Mg^{2+}、K$^+$ 含量相一致。

表 4-14　盐碱胁迫和低温对棉花根系 Ca^{2+}、Mg^{2+}、K$^+$、Na$^+$ 的影响

温度（℃）	盐分	根系离子含量（mg/g FW）			
		Ca^{2+}	Mg^{2+}	K$^+$	Na$^+$
25	CK	3.80±0.39ab	9.31±0.70a	24.50±0.45bc	6.05±0.74c
	中性盐	3.05±0.67cd	8.93±0.67a	12.7±0.56d	21.12±0.24a
	碱性盐	4.89±0.28a	6.71±0.70b	11.19±0.32d	16.92±0.33b
	盐碱性盐	3.09±0.11cd	8.08±0.25a	9.95±0.18d	19.31±0.87b

温度 （℃）	盐分	根系离子含量（mg/g FW）			
		Ca^{2+}	Mg^{2+}	K$^+$	Na$^+$
15	CK	4.59±0.55a	9.24±0.83a	37.14±0.90a	6.09±0.51c
	中性盐	3.00±0.90cd	9.15±0.70a	28.19±0.54b	20.00±0.21ab
	碱性盐	2.62±0.17d	8.58±0.57a	21.49±0.42c	17.37±0.61b
	盐碱性盐	3.40±0.25bc	8.76±0.85a	24.64±0.19bc	23.52±0.29a

注：同一列不同小写大写字母表示不同处理间差异显著（$P<0.05$）；每个数据为均值±标准偏差，且 3 次重复。

表 4-15　盐碱胁迫和低温对棉花根系 Ca^{2+}、Mg^{2+}、K$^+$、Na$^+$ 的主体效应分析

盐分类型	指标	Ca^{2+}	Mg^{2+}	K$^+$	Na$^+$
中性盐	温度	0.593	0.433	0.000**	0.384
	盐分	0.006**	0.792	0.000**	0.000**
	温度×盐分	0.360	0.373	0.072	0.360
碱性盐	温度	0.009**	0.084	0.000**	0.993
	盐分	0.077	0.098	0.000**	0.000**
	温度×盐分	0.005**	0.072	0.308	0.955
盐碱混合盐	温度	0.301	0.568	0.000**	0.002**
	盐分	0.009**	0.957	0.000**	0.000**
	温度×盐分	0.541	0.508	0.159	0.003**

注：* 表示 $P<0.05$；** 表示 $P<0.01$。

由图 4-7 和表 4-16 的差异显著性检验结果可以看出，温度显著影响棉花幼苗的叶水势，中性盐与碱性盐胁迫棉花的 PLC 在不同温度间的差异显著，而碱性盐与盐碱混合胁迫棉花的茎水势在不同温度间的差异并不显著；中性盐与盐碱混合胁迫对棉花幼苗的叶、茎、根水势及 PLC 有极显著影响，但根水势在碱性盐胁迫下以及盐低温交互作用下均无显著性差异；茎水势、PLC 在中性盐和碱性盐胁迫与低温交互作用下均有极显著或显著性差异。分别对叶水势、茎水势以及根水势作差异显著性检验可以看出，在 15 ℃ 处理条件下，与 CK 相比，盐分胁迫降低了棉花幼苗的叶水势、茎水势和根水势，且规律基本一致，各盐分处理间无显著差异。在 25 ℃ 条件下，与 CK 相比，碱性盐胁迫处理对棉花幼苗的叶水势、茎水势和根水势的影响并不显著，其中茎水势和根水势略微大于中性盐和盐碱性胁迫。与 CK 相比，25 ℃ 的中性盐、碱性盐以及盐碱混合胁迫的 PLC 分别增加了 70.71%、70.83%、60.24%，15 ℃ 时分别增

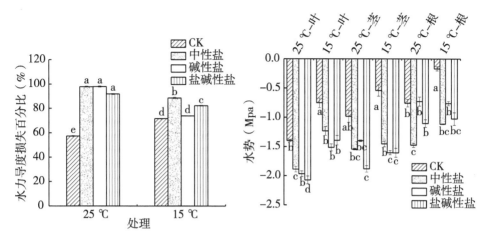

图 4-7 盐碱胁迫和低温对棉花幼苗木质部栓塞、水势的影响

表 4-16 盐碱胁迫和低温对棉花幼苗木质部栓塞、水势的主体间效应检验

盐分类型	指标	叶水势	茎水势	根水势	*PLC*
中性盐	温度	0.000**	0.002**	0.022	0.038*
	盐分	0.000**	0.000**	0.001**	0.000**
	温度×盐分	0.267	0.014*	0.509	0.000**
碱性盐	温度	0.003**	0.182	0.110	0.001**
	盐分	0.000**	0.000**	0.107	0.000**
	温度×盐分	0.007**	0.004**	0.080	0.000**
盐碱混合盐	温度	0.000**	0.174	0.186	0.145
	盐分	0.000**	0.004**	0.019*	0.000**
	温度×盐分	0.510	0.399	0.100	0.194

注：* 表示 $P<0.05$；** 表示 $P<0.01$。

加了 23.98%、3.18%、14.92%，即 *PLC* 随着胁迫的产生而急剧增加，栓塞程度增高，差异显著，但 25 ℃ 各盐分处理间差异不显著。

表 4-17 为棉花幼苗木质部栓塞与水势间相关分析，15 ℃ 条件下中性盐胁迫棉花的 *PLC* 与水势之间呈显著负相关关系，叶水势、茎水势以及根水势其相关系数分别为 -0.940、-0.990、-0.968，碱性盐胁迫时 *PLC* 与叶水势的相关系数明显大于茎水势和根水势，为 -0.965，而盐碱混合胁迫时叶水势与茎水势其相关系数差别不大分别为 -0.824、-0.856；25 ℃ 时中性盐胁迫、盐碱混合胁迫与 *PLC* 之间呈显著负相关关系，而碱性盐胁迫下只在茎水势与 *PLC* 间呈显著负相关关系。图 4-8 给出了盐碱胁迫和低温对棉花幼苗木质部

栓塞与水势间的关系。叶水势、茎水势和根水势与 PLC 之间建立了显著的负线性关系，其 R^2 分别为 0.07、0.61、0.02，可见茎水势与 PLC 的相关性最大，也就是说茎水势值越低，木质部栓塞程度越大。

表4-17 棉花幼苗木质部栓塞水力导度损失百分比（*PLC*）与水势间相关分析

温度（℃）	盐分	叶水势	茎水势	根水势
	中性盐	−0.940**	−0.990**	−0.968**
15	碱性盐	−0.965**	−0.845*	−0.894*
	盐碱性盐	−0.824*	−0.856*	−0.777
	中性盐	−0.957**	−0.951**	−0.694
25	碱性盐	−0.584	−0.971**	0.147
	盐碱性盐	−0.949**	−0.931**	−0.193

注：* 表示 $P<0.05$；** 表示 $P<0.01$。

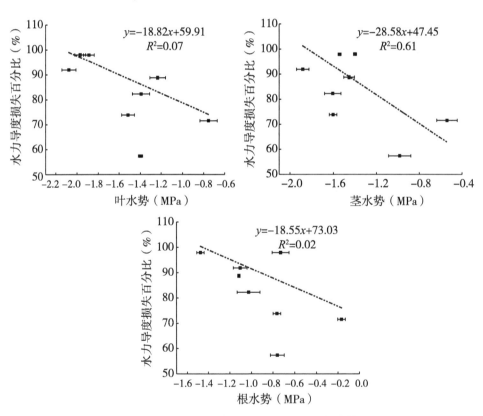

图4-8 盐碱胁迫和低温对棉花幼苗木质部栓塞与水势间的影响

第四节　低温和盐碱胁迫下棉花幼苗生长 特性对褪黑素的响应

由图 4-9 可以看出，施加褪黑素后，低温和盐碱胁迫下棉花幼苗株高整体变化幅度较小；整体上看，喷施外源褪黑素增加了棉花幼苗的叶面积，处理间有所差异。盐与低温双重胁迫对棉花幼苗株高和叶面积的影响具有叠加效应。25 ℃时的叶面积受到 3 种盐分胁迫时，均随着 MT 浓度的增加而先增加后降低，结果表明，150 μmol/L MT 处理的幼苗叶面积达到最大值，但处理间没有达到差异显著；15 ℃+中性盐胁迫只在 100 μmol/L MT 处理时增加了株高和叶面积；15 ℃+碱性盐胁迫在 150～200 μmol/L MT 处理下显著上升，且150 μmol/L MT 与 0～100 μmol/L MT 处理间存在显著差异；15 ℃+盐碱混合盐胁迫处理时，随着 MT 浓度的递增叶面积先增后降，在 150 μmol/L MT 处理时最为显著。由表 4-18 主体间效应检验可知，温度、盐分，以及温度与 MT 的交互作用对棉花幼苗株高影响显著，而其他因素及任意因素的交互作用对株高影响不显著；温度、盐分、温度与盐分、温度与 MT、盐分与 MT，以及三因素的交互作用对棉花幼苗叶面积影响显著或极显著。

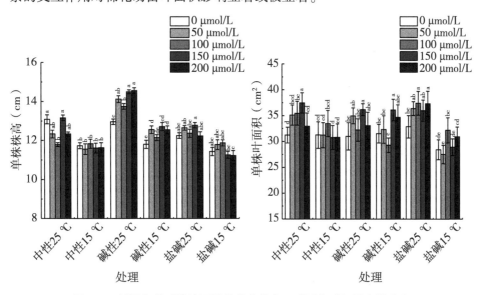

图 4-9　低温和盐碱胁迫下棉花幼苗株高、叶面积对褪黑素的响应

表 4-18　低温和盐碱胁迫下棉花幼苗株高、叶面积和生物量对褪黑素
响应的主体间效应检验

指标	株高	叶面积	地上部干重	根干重
温度	0.000 **	0.000 **	0.000 **	0.953
盐分	0.000 **	0.026 *	0.000 **	0.000 **
MT	0.088	0.203	0.094	0.000 **
温度×盐分	0.137	0.000 **	0.315	0.000 **
温度×MT	0.900	0.043 *	0.568	0.000 **
盐分×MT	0.035 *	0.000 **	0.512	0.000 **
温度×盐分×MT	0.474	0.000 **	0.976	0.004 **

注：* 表示 $P<0.05$；** 表示 $P<0.01$。

由图 4-10 可知，随着 MT 浓度的增加，15 ℃处理的地上部干重整体变化幅度基本持平，对棉花幼苗的影响不显著。25 ℃与盐分胁迫相比，施加褪黑素后地上部干物质显著递增，盐与低温双重胁迫对其具有叠加效应，随温度的降低而降低，中性盐、碱性盐胁迫的生物量在 50 μmol/L MT 和 150 μmol/L MT 时达到最大值，盐碱混合胁迫的生物量随 MT 浓度的增加而逐渐增大。施加不同浓度褪黑素后，根干重在 25 ℃盐碱胁迫与 MT 处理下与单一盐碱胁迫处理相比无显著性差异，其他处理下均有不同程度的增加，25 ℃盐分胁迫在 150 μmol/L MT 时达到最高值，15 ℃除盐碱性盐胁迫外各处理间无明显变化。与 CK 相比，根干重/地上部干重比值在中性盐胁迫时无显著性影响，15 ℃碱性盐胁迫时 100~200 μmol/L 的 MT 有显著性影响，25 ℃碱性盐胁迫处理下 150~200 μmol/L 的 MT 均不同程度增加，而在 15 ℃时盐碱混合胁迫时 200 μmol/L MT 时达到最高值，25 ℃时在 100~150 μmol/L MT 有显著性增加。由表 4-1 主体间效应检验可知，温度、盐分对棉花幼苗地上部干重影响显著，而其他因素及任意因素的交互作用对株高影响不显著；MT、盐分、温度与盐分、温度与 MT、盐分与 MT，以及三因素的交互作用对棉花幼苗根干重影响极显著。

表 4-19 给出 25 ℃盐碱胁迫下棉花幼苗根系形态参数对褪黑素响应的变化趋势。可以看出，外源褪黑素处理的棉花幼苗的根长、根表面积、根平均直径、根体积整体趋势均随 MT 浓度的增加呈先升后降的变化趋势；中性盐、盐碱混合胁迫处理的棉花幼苗根系形态参数均在 150 μmol/L MT 时达到最高值，

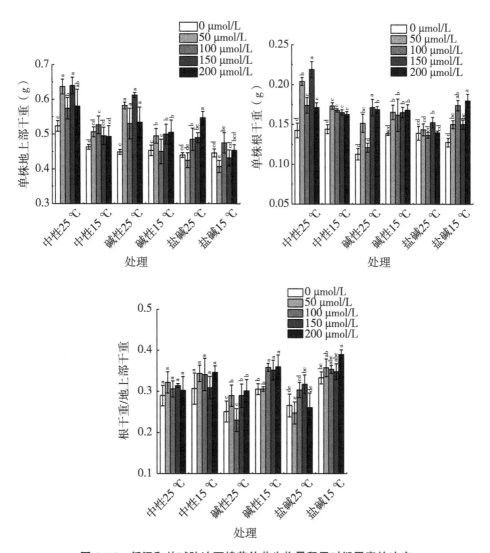

图 4-10　低温和盐碱胁迫下棉花幼苗生物量积累对褪黑素的响应

且与其他浓度 MT 处理间的差异显著，碱性盐胁迫处理的棉花幼苗根系形态参数在 50 μmol/L 时达到最大值。表 4-20 给出 15 ℃ 盐碱混合胁迫下棉花幼苗根系形态参数对褪黑素响应的变化趋势。盐碱混合胁迫处理的根表面积、根体积随 MT 浓度的增加而增加，而其他处理同 25 ℃ 时的变化趋势基本一致。不同浓度的 MT 对中性盐胁迫处理下的棉花幼苗根系形态参数都有显著提升，并且在 100 μmol/L MT 达到最大值；碱性盐胁迫除平均直径在 50～100 μmol/L MT

显著降低以外，整体变化不显著；盐碱混合胁迫处理下，不同 MT 浓度对平均直径的影响甚微，但对根长、根体积在 100~200 μmol/L MT 浓度时影响显著，而平均直径增加不显著。由表 4-3 主体间效应检验可知，温度、盐分、MT、温度与盐分、温度与 MT、盐分与 MT，以及三因素的交互作用对棉花幼苗根长、根表面积和平均直径均影响显著，而温度、温度与盐分对根体积影响不显著。

表 4-19　盐碱胁迫下棉花幼苗根系形态参数对褪黑素的响应

盐分	温度（℃）	褪黑素（μmol/L）	根长（cm）	根表面积（cm²）	平均直径（mm）	根体积（cm³）
中性盐	15	0	590.24±23.26g	82.78±13.21e	0.44±0.05e	0.93±0.12f
		50	657.53±9.97f	107.31±14.35d	0.51±0.02c	1.26±0.25de
		100	749.50±18.89cde	115.43±8.09bc	0.56±0.06a	1.55±0.17abc
		150	694.06±30.82ef	112.47±4.87c	0.50±0.02c	1.45±0.05bcd
		200	663.98±18.96f	112.47±6.04c	0.52±0.03b	1.43±0.32bcd
	25	0	771.68±14.55bc	115.68±1.22bc	0.46±0.02ef	1.34±0.07cde
		50	858.42±13.69b	121.75±1.55b	0.45±0.07f	1.44±0.41abc
		100	794.80±20.67cd	122.49±1.35b	0.48±0.02d	1.56±0.07ab
		150	926.97±5.17a	134.72±1.90a	0.50±0.03c	1.57±0.28a
		200	715.28±5.21def	100.20±1.30d	0.43±0.04g	1.14±0.13e
碱性盐	15	0	715.71±3.26a	103.53±6.22b	0.46±0.01cd	1.19±0.34bc
		50	718.89±22.95a	103.08±12.37b	0.43±0.02cde	1.23±0.29bcd
		100	753.26±6.55a	107.09±6.67ab	0.42±0.01de	1.11±0.31bcd
		150	776.65±6.39a	109.17±9.58ab	0.46±0.04cd	1.42±0.27ab
		200	769.45±33.87a	103.60±2.01b	0.46±0.03bc	1.13±0.32bcd
	25	0	606.38±16.40b	85.02±2.87c	0.45±0.05cd	0.96±0.14cd
		50	726.11±12.48a	117.62±9.95a	0.50±0.02ab	1.42±0.36ab
		100	624.87±20.39b	78.03±11.60c	0.41±0.05e	0.83±0.36d
		150	794.09±42.32a	122.77±3.35a	0.53±0.07a	1.54±0.37a
		200	723.11±13.45a	107.79±10.73ab	0.47±0.01bc	1.28±0.18abc

（续表）

盐分	温度 （℃）	褪黑素 （μmol/L）	根长 （cm）	根表面积 （cm²）	平均直径 （mm）	根体积 （cm³）
盐碱 性盐	15	0	521.17±7.37c	85.44±4.45c	0.52±0.02ab	1.00±0.13e
		50	553.93±11.19bc	85.79±7.42c	0.49±0.05cd	1.07±0.14e
		100	686.16±23.25a	104.09±3.36ab	0.53±0.08a	1.29±0.05bc
		150	637.19±21.13a	90.50±5.54b	0.49±0.03bcd	1.21±0.18cd
		200	727.28±11.39a	113.21±2.03a	0.50±0.01abcd	1.43±0.29a
	25	0	669.82±39.32a	105.15±8.78ab	0.46±0.05d	1.21±0.18cd
		50	696.70±30.18a	101.10±11.63ab	0.46±0.01d	1.17±0.29d
		100	628.06±32.66ab	81.52±0.69c	0.46±0.07d	0.95±0.03e
		150	718.64±24.93a	107.56±12.39a	0.50±0.03abc	1.35±0.21ab
		200	680.49±24.88a	105.05±10.05ab	0.49±0.01bcd	1.29±0.12cd

注：同一列不同小写字母表示不同处理间差异显著；每个数据为均值±标准偏差，且 3 个重复。

表 4-20 低温和盐碱胁迫下棉花幼苗根系形态参数对褪黑素响应的主体间效应检验

指标	根长 （cm）	根表面积 （cm²）	平均直径 （mm）	根体积 （cm³）
温度	0.000**	0.001**	0.000**	0.076
盐分	0.000**	0.000**	0.000**	0.000**
MT	0.000**	0.000**	0.000**	0.000**
温度×盐分	0.000**	0.000**	0.000**	0.179
温度×MT	0.000**	0.000**	0.000**	0.000**
盐分×MT	0.004**	0.000**	0.000**	0.000**
温度×盐分×MT	0.016*	0.000**	0.000**	0.001**

注：* 表示 $P<0.05$；** 表示 $P<0.01$。

第五节 低温和盐碱胁迫下棉花幼苗生理 特性对褪黑素的响应

如图 4-11 所示，不同 MT 浓度对盐与低温双重胁迫条件下的 Pn、g_s、Tr 及 g_m 的影响表现出相似的规律，即整体趋势先升后降，在外施 100~150

$\mu mol/L$ MT 后，除胞间 CO_2（Ci）外，其他指标均比单一盐胁迫处理呈现不同程度的增加。气体交换参数增加最为明显的处理在：25 ℃时喷施 150 $\mu mol/L$ MT 的各盐分胁迫处理、15 ℃时喷施 100 $\mu mol/L$ MT 的中性盐和盐碱混合胁迫处理以及喷施 150 $\mu mol/L$ MT 的碱性盐胁迫处理。由表 4-21 主体间效应检验可知，温度、盐分、MT、温度与盐分对棉花幼苗光合参数均影响显著，而温度×MT 只对 Pn、Tr 以及 g_m 影响显著或极显著，温度×MT 对 Pn、g_s 和 g_m 影响不显著，三因素的交互作用只在 Tr 有极显著影响。

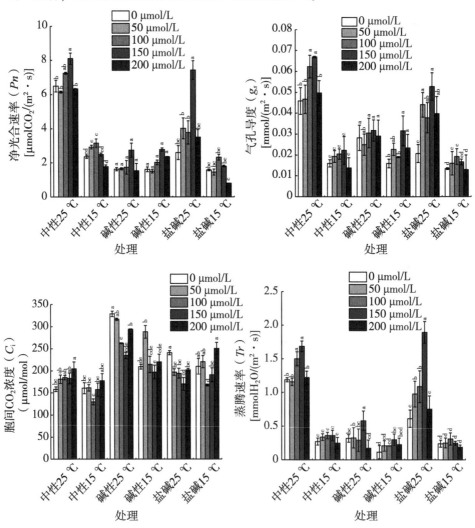

图 4-11　低温和盐碱胁迫下棉花幼苗叶片气体交换参数对褪黑素的响应

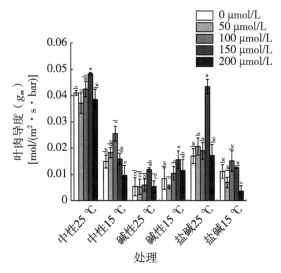

图 4-11　低温和盐碱胁迫下棉花幼苗叶片气体交换参数对褪黑素的响应（续）

表 4-21　低温和盐碱胁迫下棉花幼苗叶片气体交换参数对褪黑素响应的主体间效应检验

指标	Pn	g_s	C_i	Tr	g_m
温度	0.000 **	0.000 **	0.000 **	0.000 **	0.000 **
盐分	0.000 **	0.000 **	0.000 **	0.000 **	0.000 **
MT	0.000 **	0.003 **	0.000 **	0.000 **	0.000 **
温度×盐分	0.000 **	0.000 **	0.002 **	0.000 **	0.000 **
温度×MT	0.023 *	0.543	0.321	0.000 **	0.002 **
盐分×MT	0.424	0.790	0.010 *	0.018 *	0.126
温度×盐分×MT	0.183	0.329	0.039 *	0.003 **	0.035 *

注：* $P<0.05$ 级别相关性显著；** $P<0.01$ 级别相关性显著。

如图 4-12 所示，不同 MT 浓度处理后的叶绿体荧光参数在盐与低温双重胁迫逆境条件下显著变化。盐与低温双重胁迫对棉花幼苗最大荧光（F_m）、最大光合效率（F_v/F_m）以及过剩光能（$1-qP/NPQ$）影响具有叠加效应，同一盐分处理不同 MT 处理随温度的降低而升高，非光化学猝灭（NPQ、qN）和光化学猝灭（qP）随温度的降低而降低。

在盐与低温双重胁迫逆境条件下，$SPAD$ 值随 MT 浓度增加处于动态变化中，但基本维持在 30~40，喷施 MT 后碱性盐胁迫以及 15 ℃时的不同盐分胁迫下的 SPAD 都有不同程度的显著性变化，且不同 MT 处理后 25 ℃时不同盐分胁迫处理 150 μmol/L MT 和 15 ℃时中性盐和盐碱混合胁迫 100 μmol/L MT

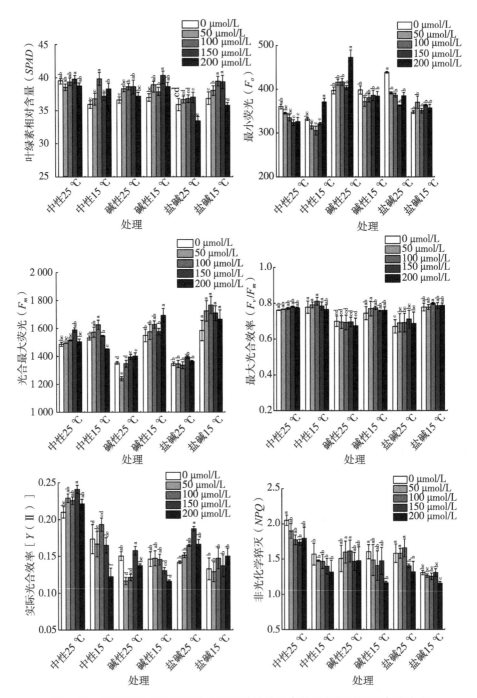

图4-12 低温和盐碱胁迫下棉花幼苗叶片叶绿素荧光参数对褪黑素的响应

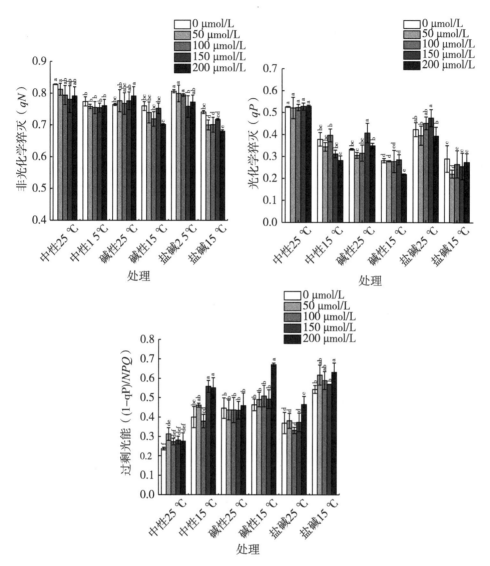

图 4-12　低温和盐碱胁迫下棉花幼苗叶片叶绿素荧光参数对褪黑素的响应 （续）

以及碱性盐胁迫 150 μmol/L MT 增幅最大。最小荧光（F_o）除中性盐胁迫 15 ℃时在 200 μmol/L MT 有所上升，碱性盐胁迫 25 ℃不同 MT 浓度处理后都有所增加，喷施 MT 后盐碱混合胁迫显著性下降以外，其他 MT 浓度对不同盐低温胁迫处理均呈不同程度的下降趋势且无明显差异，不同 MT 处理后 25 ℃时不同盐分胁迫处理 150 μmol/L MT 以及 15 ℃时中性盐和盐碱混合胁迫

100 μmol/L MT 降为最低值。最大荧光（F_m）在外施 100~150 μmol/L MT 后均比单一盐胁迫处理呈现不同程度的增加，且不同 MT 处理后 15 ℃时盐分胁迫 100 μmol/L MT 以及碱性盐胁迫 200 μmol/L MT 增幅最大，25 ℃时则只有中性盐胁迫在 150 μmol/L MT 有显著性增大的趋势，碱性盐胁迫在 50 μmol/L MT 时显著下降以外变化基本一致，盐碱混合胁迫变化整体变化幅度基本持平。

最大光合效率（F_v/F_m）各处理之间均无显著性变化，非光化学猝灭（NPQ、qN）在 15 ℃时施加 MT 后不同程度的降低，而 25 ℃只在碱性盐胁迫时有下降趋势。实际光合效率［Y（Ⅱ）］在碱性盐胁迫时施加 MT 并没有缓解胁迫对棉花幼苗的影响，但在 25 ℃时比 15 ℃缓解作用更显著。不同 MT 处理条件下，25 ℃时喷施 150 μmol/L MT 的各盐分胁迫处理、15 ℃时喷施 100 μmol/L MT 的中性和盐碱混合胁迫处理以及喷施 150 μmol/L MT 的碱性盐胁迫处理的实际光合效率［Y（Ⅱ）］增幅最大，这同 $SPAD$ 的变化趋势相一致。喷施不同浓度 MT 后，在 25 ℃中性盐胁迫以及 15 ℃盐碱混合胁迫的光化学猝灭（qP）与不喷施 MT 处理相比无显著性变化，其他胁迫处理的 qP 整体呈先增后减的趋势，但最大值与盐分胁迫之间差异较小。过剩光能（$1-qP/NPQ$）的中性盐胁迫在 15 ℃时均高于单一盐分胁迫，但不同浓度 MT 之间差异性不大，25 ℃时 150~200 μmol/L MT 处理显著增加。喷施褪黑素后的碱性盐胁迫与单一盐胁迫处理之间除 15 ℃+200 μmol/L MT 以外差异不明显，盐碱混合胁迫呈先降后升的趋势，25 ℃与 15 ℃分别在 100 μmol/L MT、200 μmol/L MT 为最小值。

如图 4-13 所示，随着外源 MT 浓度的升高，与没有喷施 MT 的胁迫处理相比，盐碱混合胁迫处理的 MDA 在 15 ℃时整体上升，25 ℃时则呈先升后降的趋势，其他处理均呈下降趋势，中性盐胁迫处理在 100~200 μmol/L MT 时基本持平，碱性盐胁迫在 150 μmol/L MT 降幅最大。盐低温双重胁迫逆境条件下对棉花幼苗可溶性糖含量影响具有叠加效应，施加 MT 后与单一盐胁迫相比，中性盐胁迫处理的可溶性糖含量显著性降低，碱性盐胁迫在 150~200 μmol/L MT 时下降最为显著，盐碱混合胁迫整体趋势先升后降，并在 150~200 μmol/L MT 时达到最大值。随着外源 MT 浓度的升高，15 ℃中性盐胁迫的 CAT 活力整体有急剧下降趋势，但各浓度之间无显著性差异，25 ℃盐碱混合胁迫处理 CAT 随 MT 浓度的增加而逐渐降低，其他胁迫处理 CAT 随 MT 浓度的变化呈先降后升的变化规律，25 ℃中性盐和碱性盐胁迫在 100~150 μmol/L MT 时降幅最大，15 ℃时盐碱混合胁迫 100 μmol/L MT 及碱性盐胁迫 150 μmol/L MT 降幅最显著。随 MT 浓度的变化，25 ℃下的中性盐胁迫和碱性盐胁迫的 POD 活力在 150~200 μmol/L MT

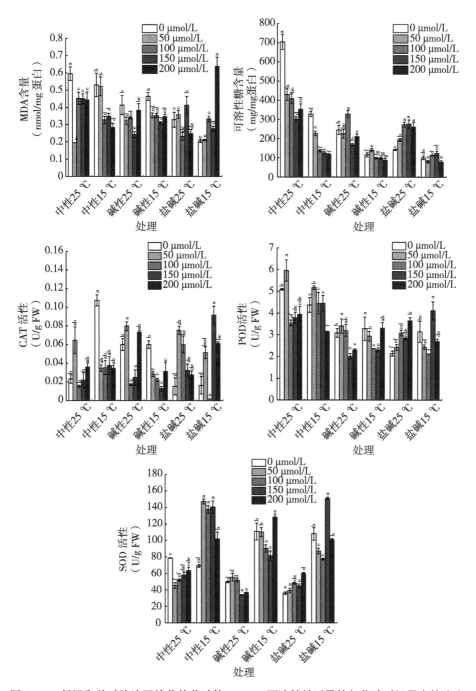

图4-13 低温和盐碱胁迫下棉花幼苗叶片 MDA、可溶性糖以及抗氧化酶对褪黑素的响应

时与单一盐分处理相比差异显著，盐碱混合胁迫则随浓度整体呈上升趋势；15 ℃时的盐与低温双重胁迫下，中性盐胁迫的 POD 活力只在 200 μmol/L MT 下降极为显著，其他浓度变化幅度较小，且不同 MT 处理后 15 ℃时盐碱混合胁迫 100 μmol/L MT 以及碱性盐胁迫 150 μmol/L MT 降幅最大。SOD 活力在 25 ℃中性盐胁迫处理时，随不同 MT 浓度的增加而增加，但均比单一盐分胁迫有显著性差异。15 ℃中性盐胁迫及 25 ℃盐碱混合胁迫随 MT 浓度变化均比单一胁迫处理有所增长，并在不同 MT 处理后碱性盐胁迫处理 150 μmol/L MT 和 15 ℃时盐碱混合胁迫 100 μmol/L MT 降幅最大。

如表 4-22 和图 4-14 所示，与无 MT 的胁迫处理相比，喷施 MT 处理的 N、Ca^{2+}、Mg^{2+} 和 K^+ 不同程度地增大，N、Ca^{2+}、Mg^{2+} 和 K^+ 在 25 ℃中性盐胁迫及 Ca^{2+} 在 15 ℃中性盐胁迫时随 MT 浓度的变化逐渐增大，但浓度之间差异不显著；K^+ 在 15 ℃中性盐胁迫呈波动性变化，其他处理且随着 MT 浓度增加表现出先升高后降低的变化趋势，并均以 100~150 μmol/L MT 处理效果最佳，Na^+ 和 Na^+/K^+ 的比值不同程度的降低，Na^+/K^+ 在中性盐胁迫 25 ℃时与单一盐胁迫相比明显降低但处理间差异不显著，15 ℃盐碱混合胁迫则无显著性变化，其他处理且随着 MT 浓度增加表现出先降后升的变化趋势。

表 4-22　盐碱胁迫下棉花幼苗 Ca^{2+}、Mg^{2+}、K^+、Na^+ 对褪黑素的响应

温度	盐分	褪黑素 (μmol/L)	叶片离子含量 (mg/g FW)			
			Ca^{2+}	Mg^{2+}	K^+	Na^+
25 ℃	中性盐	0	6.05±0.01b	5.00±0.96d	18.40±0.87de	11.78±0.07a
		50	5.95±0.03b	5.63±0.44abc	18.44±0.60de	4.01±0.22b
		100	6.36±0.24a	5.44±0.75cd	18.95±0.38d	3.21±0.39b
		150	6.42±0.03ab	5.74±0.43cd	18.18±0.32e	2.74±0.15b
		200	6.70±0.09a	5.76±0.17bc	19.90±0.42c	3.19±0.29b
	碱性盐	0	5.96±0.28d	5.28±0.74bc	19.45±0.10a	12.70±0.21a
		50	6.28±0.20bcd	5.73±0.14abc	19.75±0.04a	6.28±0.18b
		100	6.41±0.14bc	5.73±0.24abc	21.52±0.24a	8.94±0.54ab
		150	6.17±0.13bcd	5.31±0.36c	19.55±0.87a	5.62±0.02ab
		200	6.11±0.11cd	5.07±0.26c	19.59±0.95a	7.14±0.48b
	盐碱性盐	0	7.05±0.10abc	5.24±0.83ab	19.58±0.51c	10.40±0.10a
		50	7.08±0.12abc	5.19±0.99ab	19.02±0.54c	7.52±0.30bcd
		100	7.35±0.03a	5.49±0.66b	19.50±0.56c	8.22±0.73abc
		150	7.34±0.12abc	5.66±0.68b	19.64±0.59c	6.59±0.48bcd
		200	6.40±0.10c	6.06±0.54ab	19.63±0.04c	8.73±0.21ab

（续表）

温度	盐分	褪黑素（μmol/L）	叶片离子含量（mg/g FW）			
			Ca²⁺	Mg²⁺	K⁺	Na⁺
15 ℃	中性盐	0	5.87±0.34b	5.89±0.44abc	22.64±0.62ab	5.36±0.24b
		50	6.37±0.16ab	6.25±0.33ab	22.68±0.44ab	5.12±0.53b
		100	6.53±0.20a	6.27±0.22ab	23.23±0.19a	4.32±0.06b
		150	6.59±0.28a	6.48±0.17a	22.41±0.39ab	5.94±0.58b
		200	6.80±0.21a	6.26±0.20ab	21.88±0.54b	5.36±0.60b
	碱性盐	0	6.54±0.25ab	5.57±0.26abc	21.22±0.86a	6.60±0.48b
		50	6.80±0.14a	5.99±0.73ab	21.53±0.23a	6.52±0.98b
		100	6.91±0.05a	5.75±0.32abc	21.02±0.04a	4.73±0.80b
		150	6.90±0.08a	6.04±0.41a	21.27±0.26a	4.64±0.95b
		200	6.05±0.21cd	5.86±0.62a	20.40±0.48a	6.00±0.77b
	盐碱性盐	0	6.57±0.07bc	5.78±0.51ab	21.32±0.64b	7.02±0.02bcd
		50	6.53±0.01bc	6.09±0.43ab	23.18±0.23a	5.86±0.45cd
		100	7.30±0.12ab	7.00±0.85a	22.76±0.43a	5.39±0.48d
		150	7.38±0.16a	6.52±0.55ab	23.19±0.28a	5.23±0.12d
		200	7.24±0.17a	6.57±0.82ab	23.11±0.49a	5.40±0.21d

注：同一列不同小写字母表示不同处理间差异显著。

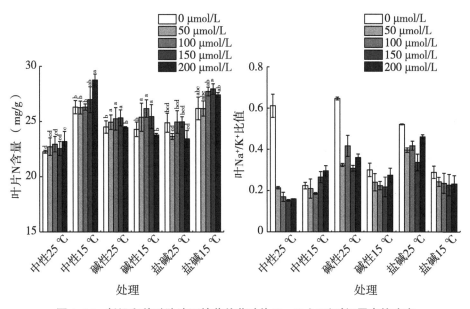

图4-14 低温和盐碱胁迫下棉花幼苗叶片N、Na⁺/K⁺对褪黑素的响应

如图 4-15 以及表 4-23 所示,与无 MT 的胁迫处理相比,根系的 K^+ 在 15 ℃时中性盐胁迫不同浓度 MT 处理之间变化不显著,以及 N 含量在 15 ℃的盐碱混合胁迫下不同浓度 MT 各处理之间均变化不明显,其他胁迫处理时 N、Ca^{2+}、Mg^{2+} 和 K^+ 均不同程度地增大,N 在 15 ℃中性盐胁迫,以及 Mg^{2+} 和 K^+ 在 25 ℃碱性盐胁迫处理时随 MT 浓度的变化逐渐增大,K^+ 在 15 ℃中性盐胁迫呈波动性变化,其他处理且随着 MT 浓度增加表现出先升高后降低的变化趋势,并以 25 ℃时不同盐分胁迫处理 150 μmol/L MT 和 15 ℃时中性盐和盐碱混合胁迫 100 μmol/L MT,以及碱性盐胁迫 150 μmol/L MT 处理效果最佳。与无 MT 的胁迫处理相比,Na^+ 和 Na^+/K^+ 的比值随 MT 浓度的增长有不同程度的降低,Na^+ 在 25 ℃碱性盐和 15 ℃盐碱混合胁迫处理时波动变化,15 ℃碱性盐胁迫处理时先降后升,其他处理且随着 MT 浓度增加而降低。Na^+/K^+ 在 15 ℃时碱性盐和 25 ℃时盐碱混合胁迫 150 μmol/L MT 处理效果最佳,其他处理且随着 MT 浓度增加无显著性变化。

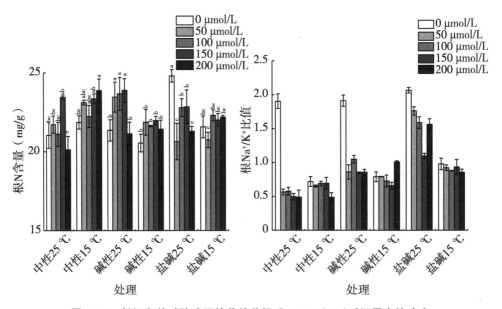

图 4-15 低温和盐碱胁迫下棉花幼苗根系 N、Na^+/K^+ 对褪黑素的响应

表 4-23　盐碱胁迫下棉花幼苗根系 Ca^{2+}、Mg^{2+}、K^+、Na^+ 对褪黑素的响应

温度 （℃）	盐分	褪黑素 （μmol/L）	根系离子含量（mg/g FW）			
			Ca^{2+}	Mg^{2+}	K^+	Na^+
25	中性盐	0	3.05±0.67cd	8.94±0.67a	12.70±0.56c	21.13±0.24a
		50	2.80±0.17e	8.88±0.84a	23.79±0.85ab	13.43±0.94b
		100	3.76±0.10a	9.14±0.90a	23.23±0.44b	12.78±0.49b
		150	3.66±0.41ab	9.16±0.72a	25.62±0.91ab	12.67±0.70b
		200	3.47±0.45b	7.66±0.15b	24.39±0.07ab	11.84±0.71b
	碱性盐	0	4.90±0.28a	6.71±0.70f	11.19±0.32c	16.92±0.33bc
		50	3.69±0.18bc	7.88±0.64de	15.26±0.07c	14.95±0.10cd
		100	4.19±0.04b	7.30±0.35ef	15.04±0.95c	15.56±1.14bcd
		150	5.72±0.13a	7.24±0.06ef	14.51±0.49c	12.31±0.24d
		200	4.32±0.25b	8.63±0.76cd	17.749±0.74b	14.70±0.32bcd
	盐碱 性盐	0	3.09±0.11b	8.08±0.25ab	9.95±0.18e	19.31±0.86b
		50	3.19±0.39b	8.38±0.94b	10.36±0.45d	19.10±0.76b
		100	4.48±0.16a	8.94±0.39ab	11.11±0.22cd	15.25±0.82cd
		150	4.54±0.28a	8.95±0.85ab	12.15±0.63c	13.27±0.91d
		200	3.44±0.55b	8.94±0.73ab	8.30±0.04e	16.61±0.49c
15	中性盐	0	2.86±0.89de	9.16±0.70a	28.19±0.54a	20.00±0.21a
		50	3.05±0.57cd	9.34±0.15a	27.93±1.15ab	19.05±0.26a
		100	3.11±0.46c	10.07±0.85a	26.39±0.74ab	17.84±0.69a
		150	2.88±0.10cde	9.39±0.43a	27.12±0.09ab	17.99±0.61a
		200	3.00±0.66cde	9.90±0.70a	28.49±0.63a	14.19±0.77b
	碱性盐	0	2.62±0.17d	8.58±0.57cd	21.49±0.42ab	17.37±0.61bc
		50	2.70±0.25d	9.06±0.90bc	22.81±0.86ab	17.13±0.97b
		100	3.41±0.65c	9.64±0.95b	22.97±0.44ab	16.47±0.22bc
		150	3.42±0.39c	10.75±0.33a	23.53±0.53a	16.93±0.44bcd
		200	3.36±0.64c	10.59±0.61a	20.97±0.11ab	22.34±1.09a
	盐碱 性盐	0	3.40±0.25ab	8.76±0.85ab	24.65±0.19ab	23.53±0.29a
		50	3.44±0.24b	9.94±0.54a	25.25±0.99ab	23.77±1.18a
		100	3.54±0.26b	10.22±0.15a	25.67±0.07a	22.51±0.21aa
		150	3.55±0.54ab	9.78±0.17ab	23.74±0.49b	23.73±0.95a
		200	3.58±0.20b	9.59±0.76ab	23.94±0.13ab	20.27±0.18b

注：同一列不同小写字母表示不同处理间差异显著。

如图 4-16 所示，叶水势随着温度的降低而上升，15 ℃时处理之间差异不显著，但 25 ℃时施加 MT 明显缓解了胁迫的影响，不同浓度的 MT 变化不明显。茎水势整体趋势变化不显著，只在盐碱 25 ℃时 200 MT 和 15 ℃ 150 MT

有所波动。与单一盐胁迫相比，中性盐胁迫处理对棉花幼苗的根水势的影响差异性略微大于碱性盐和盐碱混合胁迫，但各处理间差异不明显。随着外源 MT 浓度的升高，*PLC* 在碱性盐胁迫时施加不同浓度 MT 效果最为显著，*PLC* 在 25 ℃时不同盐分胁迫处理 150 MT 和 15 ℃时中性盐和盐碱混合胁迫 100 μmol/L MT，以及碱性盐胁迫 150 μmol/L MT 降幅最大。

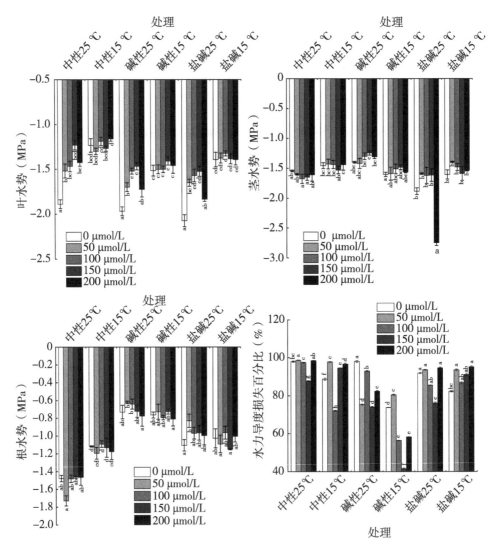

图 4-16　低温和盐碱胁迫下棉花幼苗木质部栓塞以及水势对褪黑素的响应

由表 4-24 主体间效应检验可知，温度、盐分、MT、温度与盐分、温度×

MT、盐分×MT，以及三因素的交互作用对棉花幼苗 *PLC* 均影响显著；而温度、盐分、MT 和温度×MT 对叶水势影响极显著，根水势只在温度、盐分及温度×盐分交互作用时有显著性影响，但茎水势施加 MT 后无显著性作用。

表 4-24　低温和盐碱胁迫下棉花木质部栓塞以及水势对褪黑素响应的主体间效应检验

指标	叶水势	茎水势	根水势	水力导度损失百分比
温度	0.000**	0.014*	0.015*	0.000**
盐分	0.000**	0.000**	0.000**	0.000**
MT	0.000**	0.073	0.713	0.000**
温度×盐分	0.108	0.000**	0.000**	0.000**
温度×MT	0.000**	0.030*	0.897	0.000**
盐分×MT	0.434	0.001**	0.129	0.000**
温度×盐分×MT	0.754	0.019*	0.259	0.000**

注：* $P<0.05$ 级别相关性显著；** $P<0.01$ 级别相关性显著。

第六节　主要结论

本研究旨在探讨外源褪黑素对棉花幼苗在盐和低温双重胁迫下的生理生化反应，明确外源褪黑素对低温条件下不同盐胁迫下棉花幼苗生长和生理生化特性的调控作用，提出适宜的外源褪黑素用量，这项研究的结果将有助于新疆农民减轻盐碱诱导的棉花幼苗生长减少的危害，为提升棉花耐逆缓减能力提供支撑。主要结论如下。

低温和盐碱胁迫显著抑制棉花幼苗的生长与生理过程。低温条件下中性盐胁迫、盐碱混合胁迫及碱性盐胁迫与 CK 相比显著降低了株高、叶面积和生物量等植株生长特征以及叶片气体交换参数，诱导 SOD 活力以及 PLC 水力导度的升高，光合参数与离子的正相关关系导致 Na^+ 在根系和地上部显著累积，并降低了 MDA、可溶性糖，以及根系和地上部 K^+、Ca^{2+} 和 Mg^{2+}、N 含量。并且盐碱混合胁迫的变化程度要略微大于中性盐和碱性盐胁迫。与 CK 相比盐分胁迫导致了棉花幼苗叶水势、茎水势和根水势的降低、且规律基本一致，各盐分处理间均无显著性变化，叶水势、茎水势和根水势从小到大依次为：茎水势<叶水势<根水势，PLC 随着胁迫的产生而急剧增加，栓塞程度增高，差异显著。叶片离子含量与光合参数相关性分析表明，15 ℃净光合速率与 Mg^{2+} 呈

极显著正相关，25 ℃时净光合速率在碱性盐胁迫、盐碱混合胁迫时与叶片 N、Mg^{2+} 呈现极显著正相关或显著正相关；而 15 ℃时 Mg^{2+}、Ca^{2+} 与叶片气孔导度（g_s）呈现极显著正相关或显著正相关关系；15 ℃ Mg^{2+}、Ca^{2+} 与叶片叶肉导度（g_m）呈现极显著正相关或显著正相关关系，25 ℃时则只在碱性盐胁迫时 Mg^{2+}、Ca^{2+} 呈显著正相关，Na^+ 与光合参数的相关关系均为负相关。

与无外源物质的盐处理，叶面喷施外源褪黑素后，叶面喷施外源褪黑素叶水势得到恢复，植株生长特征和光合速率有所提高，叶绿素荧光含量以及 SOD 活性有显著性变化，显著降低了 Na^+ 在根系和地上部显著累积以及栓塞的程度，不同程度增加了 N、K^+、Ca^{2+}、Mg^{2+} 含量。盐碱混合胁迫时丙二醛的积累显著增加。在 15 ℃的低温处理条件下，中性盐和盐碱混合胁迫下喷施 100 μmol/L 褪黑素、碱性盐胁迫喷施 150 μmol/L 褪黑素可显著提高棉花幼苗的生长指标、气体交换参数、叶绿素含量和荧光参数、离子含量和抗氧化酶活性，降低 Na^+ 含量，以及木质部栓塞，提升棉花的抗逆能力。25 ℃时，喷施 150 μmol/L 的褪黑素可减轻盐碱胁迫和低温逆境对棉花的伤害。总的来说，外源褪黑素能够提高低温盐碱胁迫下棉花幼苗叶片、根系离子平衡以及 N 含量的增加，从而调节 Y（Ⅱ）等荧光参数，稳定棉花幼苗 Pn。MT 还能通过提高棉花抗氧化酶活性，提高棉花幼苗低温和盐碱胁迫下棉花幼苗清除 ROS 的能力。褪黑素处理能够减少低温和盐碱胁迫下棉花幼苗可溶性糖 和 MDA 含量，降低了低温下棉花细胞内氧化胁迫，从而影响光合系统的稳定。调节水分平衡，导致植株水势叶水势明显上升，最终提高棉花幼苗对低温和盐碱胁迫下棉花幼苗的抗性。喷施适宜浓度的褪黑素可显著提升棉花幼苗对低温和盐碱胁迫的响应。

参考文献

陈丹，王卫安，岳全奇，等，2016. 植物生长素响应冷胁迫反应的研究进展［J］. 植物生理学报，52（7）：989-997.

陈万超，2011. 三种经济植物抗碱生理机制研究［D］. 长春：东北师范大学.

董元杰，陈为峰，王文超，等，2017. 不同 NaCl 浓度微咸水灌溉对棉花幼苗生理特性的影响［J］. 土壤，49（6）：1140-1145.

郝宏蕾，朱海棠，李茂春，等，2019. 新疆喀什气象灾害对棉花生产的影响及防御对策［J］. 中国棉花，46（6）：44-46.

侯雯，杜卓，王丽，等，2020. 外源褪黑素对低温胁迫下玉米幼苗生长和生理特性的影响 [J]. 中国糖料，42（2）：33-37.

李超，2016. 外源褪黑素和多巴胺对苹果抗旱耐盐性的调控功能研究 [D]. 杨凌：西北农林科技大学.

李平，张永江，刘连涛，等，2014. 水分胁迫对棉花幼苗水分利用和光合特性的影响 [J]. 棉花学报，26（2）：113-121.

李子英，李佳迪，刘铎，等，2021. 混合盐碱胁迫对柳树幼苗生理指标的影响 [J]. 东北林业大学学报，49（4）：1-4.

刘文静，欧阳敦君，韩丽霞，等，2019. 盐碱胁迫对流苏幼苗生长及离子分布的影响 [J]. 中国野生植物资源，38（6）：27-32.

陆许可，2014. NaCl、NaHCO$_3$ 和 Na$_2$CO$_3$ 胁迫对棉花 DNA 甲基化影响 [D]. 北京：中国农业科学院.

宋静爽，吕俊恒，王静，等，2019. 植物耐低温机制研究进展 [J]. 湖南农业科学（9）：1-7.

王佺珍，刘倩，高娅妮，等，2017. 植物对盐碱胁迫的响应机制研究进展 [J]. 生态学报，37（16）：5565-5577.

王伟香，2015. 外源褪黑素对硝酸盐胁迫条件下黄瓜幼苗抗氧化系统及氮代谢的影响 [D]. 杨凌：西北农林科技大学.

王旭文，2016. 北疆陆地棉主栽品种幼苗生理生化特性对低温胁迫响应的研究 [D]. 石河子：石河子大学.

徐建新，王潜，高阳，等，2020. 水盐胁迫对玉米茎木质部水力特性的影响 [J]. 灌溉排水学报，39（1）：45-51.

严青青，张巨松，代健敏，等，2019. 甜菜碱对盐碱胁迫下海岛棉幼苗光合作用及生物量积累的影响 [J]. 作物学报，45（7）：1128-1135.

姚侠妹，偶春，张源丽，等，2020. 脱落酸对盐胁迫下香椿幼苗离子吸收和光合作用的影响 [J]. 东北林业大学学报，48（8）：27-32.

袁凌云，2013. 外源油菜素内酯缓解硝酸钙胁迫下黄瓜幼苗伤害的生理机制 [D]. 南京：南京农业大学.

张龙，2020. 近二十年新疆灌区盐碱地变化情况分析和对策研究 [J]. 水资源开发与管理（6）：72-76.

张娜，2014. 褪黑素处理对渗透胁迫下黄瓜种子萌发及幼苗生长的影响及其分子机制 [D]. 北京：中国农业大学.

ANNUNZIATA M G, CIARMIELLO L F, WOODROW P, et al., 2019. Spatial and Temporal profile of glycine betaine accumulation in plants under abiotic stresses [J]. Frontiers in Plant Science, 10: 502-511.

ARFAN M, ATHAR H R, ASHRAF M, 2007. Does exogenous application of salicylic acid through the rooting medium modulate growth and photosynthetic capacity in two differently adapted spring wheat cultivars under salt stress? [J]. Journal of Plant Physiology, 164 (6): 423-435.

ARNAO M B, HERNANDEZ-RUIZ J, 2013. Growth conditions determine different melatonin levels inLupinus albus L [J]. Journal of Pineal Research, 55 (2): 149-155.

ASHRAF M, FOOLAD M R, 2007. Roles of glycine betaine and proline in improving plant abiotic stress resistance [J]. Environmental and Experimental Botany, 59 (2): 206-216.

ASISH K P, ANATH B D, 2005. Salt tolerance and salinity effects on plants: a review [J]. Ecotoxicology and Environmental Safety, 60 (3): 385-411.

BIDABADI S S, GHOBADI C, BANINASAB B, 2012. Influence of salicylic acid on morphological and physiological responses of banana (*Musa acuminata cv.' Berangan*) shoot tips to in vitro water stress induced by polyethylene glycol [J]. Plant Omics, 5 (1): 46-59.

BONNEFONT-ROUSSELOT D, COLLIN F, JORE D, et al., 2011. Reaction mechanism of melatonin oxidation by reactive oxygen species in vitro [J]. Journal of Pineal Research, 50 (3): 377-391.

CAREY P M, FLOYD P A, 1917. Evidences associating pineal gland function with alterations in pigmentation [J]. Journal of Experimental Zoology, 23 (1): 85-96.

CHA-UM S, KIRDMANEE C, 2010. Effect of glycinebetaine on proline, water use, and photosynthetic efficiencies, and growth of rice seedlings under salt stress [J]. Turkish Journal of Agriculture and Forestry, 34 (6): 517-527.

ES-SBIHI F Z, 2016. Effect of salicylic acid on germination of Ocimum gratissimum seeds induced into dormancy by chlormequat [J]. International Journal of Engineering Research & Science: 2380-2395.

HARTLEY I P, ARMSTRONG A F, MURTHY R, et al., 2006. The dependence of respiration on photosynthetic substrate supply and temperature: integrating leaf, soil and ecosystem measurements [J]. Global Change Biology, 12 (10): 1954−1968.

HAYAT Q, HAYAT S, IRFAN M, et al., 2010. Effect of exogenous salicylic acid under changing environment: A review [J]. Environmental and Experimental Botany, 68 (1): 14−25.

HORVATH E, SZALAI G, JANDA T, 2007. Induction of Abiotic Stress Tolerance by Salicylic Acid Signaling [J]. Journal of Plant Growth Regulation, 26 (3): 290−300.

JASON S, TISSA S, KRISHNAPILLAI S, 2006. Salicylic Acid Induces Salinity Tolerance in Tomato (Lycopersicon esculentum cv. Roma): Associated Changes in Gas Exchange, Water Relations and Membrane Stabilisation [J]. Plant Growth Regulation, 49 (1): 77−83.

KHAN W, PRITHIVIRAJ B, SMITH D L, 2003. Photosynthetic responses of corn and soybean to foliar application of salicylates [J]. Journal of Plant Physiology, 160 (5): 485−492.

LA V H, LEE B, ZHANG Q, et al., 2019. The redox status and proline metabolism in Brassica rapa [J]. Horticulture, Environment, and Biotechnology, 60 (1): 31−40.

MANOJ K S, UPENDRA N D, 2000. Delayed ripening of banana fruit by salicylic acid [J]. Plant Science, 158 (1): 502−511.

MENG W, XIN Z, ZHEN X, et al., 2016. A wheat superoxide dismutase gene *TaSOD2* enhances salt resistance through modulating redox homeostasis by promoting NADPH oxidase activity [J]. Plant Molecular Biology, 91: 1−2.

MURMU K M S, BERA C K K P, 2017. Exogenous proline and glycine betaine in plants under stress tolerance [J]. International Journal of Current Microbiology and Applied Sciences, 6 (9): 901−913.

SHI H, CHEN K, WEI Y, et al., 2016. Fundamental issues of melatonin−mediated stress signaling in plants [J]. Frontiers in Plant Science, 473−499.

第五章 干旱胁迫下玉米对外源硅肥的 生理和生化特性响应

在全球范围内，干旱被认为是限制作物产量和危害生态系统最主要的环境胁迫因子，尤其是在干旱和半干旱地区（Vurukonda et al., 2016）。随着全球气候变化，未来干旱发生的程度、频率和持久性还会增加（Leng et al., 2015）。据预测，到 2050 年，全球 50%以上的农田作物会受到严重的干旱胁迫的影响（Vinocur et al., 2005）。因此，为满足粮食需求和避免水资源的过量消耗，必须寻求提高作物抗旱能力的途径。培育抗旱品种，改变作物轮作模式，改善资源管理方式等技术都可以有效的应对干旱胁迫（Mancosu et al., 2015）。应用外源物质（如脱落酸、水杨酸、多胺、NO、矿质营养元素等）对作物进行处理，增强作物自身的抗旱能力，是应对干旱胁迫简便可行的方法，应用前景广阔（Ali et al., 2017）。

硅是植物生长发育的有益元素（Ma et al., 2008），具有无毒无污染的特点，是发展绿色生态农业的优质高效肥料。大量研究表明，外源硅可增强小麦（Gong et al., 2005）、玉米（Gao et al., 2006）、大豆（Shen et al., 2010）、水稻（Chen et al., 2011）、高粱（Yin et al., 2014）和杧果（Helaly et al., 2017）等多种作物的抗旱能力。硅调节作物抗旱能力的机理主要有：降低蒸腾速率（Gao et al., 2006）、提高作物根系的吸水能力（Hattori et al., 2005）、缓解过氧化伤害（Kim et al., 2017）、渗透调节（Yin et al., 2014）等方面。

玉米是中国三大粮食作物之一，对保障国家粮食和经济安全起着重要作用。玉米生长对水分需求量大，对干旱胁迫较为敏感。据统计，近年来，每年因季节性干旱导致 20%~50%的玉米产量损失，干旱胁迫成为玉米高产的最大限制因子之一（Mansouri-Far et al., 2010；Comas et al., 2019）。干旱胁迫对玉米产量的影响不仅由发生程度决定，而且干旱发生在不同的生育期对产量的影响也不同（Trout et al., 2017；Wang et al., 2019）。作为硅富集植物，玉米被广泛用来研究硅在作物环境胁迫中的调节作用（Malcovská, 2014）。Gao et al. (2004；2006) 的研究认为，在干旱胁迫下施用硅肥可以有效提高玉米水分利用效率。因此,外源硅肥有望成为提高干旱或半干旱地区玉米产量的重要手段。但以往关于硅对作物干旱胁迫的调控作用研究主要在苗期进行,试验周期较短,最终对产量形成的影响研究较少。另外,关于玉米不同生育阶段水分胁迫与硅的互作效应及调控机制的研究尚未开展。通过本项目研究,阐明施加外源硅肥对玉米不同生育期干旱胁迫下玉米生物量、活性氧积累、抗氧化酶活性等方面的影响,探明外源硅肥对玉米不同生育期干旱胁迫的缓解效应;通过对玉米植株光合特性、光合荧光特性、活性氧积累、抗氧化酶活性、渗透调节物质积累、水分利用效率等方面的研究,深入揭示外源硅肥提高玉米抗旱能力的生理调节机制。

本研究结果表明,玉米不同生育阶段干旱胁迫显著降低了植株叶面积、叶片含水量、光合速率、叶绿素含量及抗氧化酶活性等生长和生理指标,引发 MDA 和活性氧积累增加。夏玉米拔节期(V6)、大喇叭口期(V12)和灌浆期(R2)中度水分亏缺分别减产 14.2%,43.5% 和 61.9%。干旱胁迫下添加外源硅肥,显著提高了植株叶面积、叶片含水量、光合速率、叶绿素含量以及抗氧化酶活性等指标,降低了 MDA 和活性氧的积累,从而降低了产量损失。添加硅肥下拔节期干旱(D-V6)、大喇叭口期干旱(D-V12)和灌浆期干旱(D-R2)处理与对应的不添加硅肥处理比较,分别提高 12.4%、69.8%、80.8%。在 3 个阶段干旱胁迫下,叶绿素含量和抗氧化酶活性与产量呈显著正相关关系,对缓解干旱胁迫起到重要作用。在干旱和半干旱地区,施用外源硅肥可以作为玉米稳产和高产一项重要农艺措施。

第一节 材料与方法

一、试验设计

试验于 2018 年 6—9 月在河南省焦作市广利灌区试验站防雨棚内实施 (35°06′N,112°45′E,海拔 150 m)。该区位于河南省西北部,属暖温带大陆性气候,年均温 14.3℃,年均降水量 576.5 mm,主要集中在 7—9 月。供试土壤质地为轻壤,耕层土壤有机质含量 13.4 g/kg,全氮 0.91 g/kg,硝态氮 21.4 mg/kg,铵态氮 0.65 mg/kg,速效磷 13.5 mg/kg,速效钾 215.6 mg/kg,土壤 pH 值 8.02。

选用外源硅肥和水分胁迫时期两个因子为研究对象，研究外源硅肥对玉米不同时期水分胁迫下的缓解效应和调节机制。玉米品种选用‘登海605’，硅肥处理设两个水平，-Si（不加 Si），+Si（2.00 mmol/kg 干土）。选择玉米拔节期（V6）、大喇叭口期（V12）、灌浆初期（R2）3个时期进行干旱胁迫处理，以充分灌水作为对照，每个时期干旱胁迫维持 7 d（维持土壤相对含水量为 50% FC），后复水。共设 8 处理，每个处理 6 个重复，3 重复破坏性取样，3 个重复生长至收获期。试验以桶栽的方式实施，共包括 60 个桶。每个桶栽设施包含两个圆柱形不锈钢桶，大桶的直径 32 cm，高 100 cm，小桶的直径 30 cm，高 100 cm。将大桶嵌入土壤中，小桶套于大桶内。为保证桶体内的土壤构成与大田一致，在桶体底部 5 cm 装入沙子，5~95 cm 按大田土壤层次分次装入。

在播种前每桶按每千克干土（以 0~30 cm 土层土壤重计算）施入 0.2 g N，0.05 g P_2O_5 和 0.1 g K_2O，N 肥为尿素（46% N），磷肥为过磷酸钙（18% P_2O_5），钾肥为硫酸钾（50% K_2O）。两个硅肥水平分别为 0（-Si）和 0.06 kg Si（+Si）每千克干土（以 0~30 cm 土层土壤计算），硅肥选用硅酸钠（$Na_2SiO_3 \cdot 9H_2O$）。试验装置和生育期详见图 5-1。

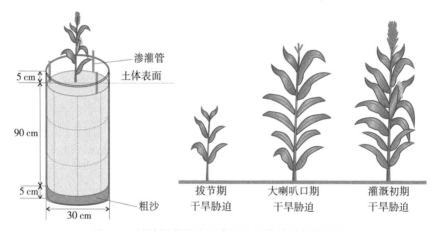

图 5-1　试验桶栽设施示意图和玉米胁迫处理时期

二、测试方法与统计分析

（一）植株生长指标

在玉米全生育期，监测株高、茎粗、叶面积、根系、穗位高，按照常规方法观测和记载。对于株高、叶面积和茎粗，10 d 测定 1 次。干旱胁迫复水处理期间增加测定频率到每隔 3~4 d 观测 1 次。

株高采用直尺测量玉米茎基部到玉米生长最高点的距离。抽雄前为土面至最高叶尖的高度，抽雄后由土面量至雄穗顶端的高度。

茎粗采用卡尺测量玉米地上部第二茎节直径。

叶面积采用人工手动测量方法，用直尺量取植株的每一片完全展开的绿色叶片的长度和最大宽度，用叶面积拟合公式计算叶面积，即叶面积＝叶长×叶宽×0.75。

（二）光合作用

在干旱胁迫复水处理期间分别选择胁迫前、胁迫期间和复水后每间隔 4~5 d 测定光合作用参数。每次测定时间选择晴天 10：00—12：00，利用 Li-6400 便携式光合作用测定系统（Li-COR Biosciences Inc.，USA），选取各处理穗位叶，测定光合速率、蒸腾速率、气孔导度、胞间 CO_2 浓度等参数。

（三）渗透调节物质和抗氧化保护酶

在各生育期水分胁迫前、水分胁迫中和复水后，采集玉米叶片，用液氮迅速冷却，放于含有冰块的保护盒中带回实验室，存放于-80 ℃超低温冰箱中，备测。测定指标主要有：脯氨酸、可溶性糖、可溶性蛋白、叶绿素含量、MDA、SOD、CAT 和 POD 活性。

（四）生物量与产量

玉米成熟期，紧贴地面收割，将取回的玉米按叶片、茎秆+叶鞘、籽粒三部分分开。样品于 75 ℃烘箱中烘至恒重，记录各器官干重。

（五）统计分析

试验数据用 SPSS 18.0 做统计分析，采用 LSD 法进行差异显著性比较，Origin 8.5 做图。

第二节　硅肥对干旱胁迫下玉米植株生长和光合特性的影响

一、对玉米植株生长指标的影响

株高和叶面积是产量形成的基础，通常作为判断玉米生长状况的一个重要指标。图 5-2 为不同时期干旱胁迫与硅肥处理对夏玉米株高、叶面积和叶片含水量的影响。玉米拔节期受到水分胁迫，植株生长受到限制，株高、叶面积和叶片含水量较正常处理分别降低 26.9%、35.3% 和 6.01%，水分胁迫下施硅肥处理增加了株高、叶面积和叶片含水量，但增加不显著。后期补水后植株恢

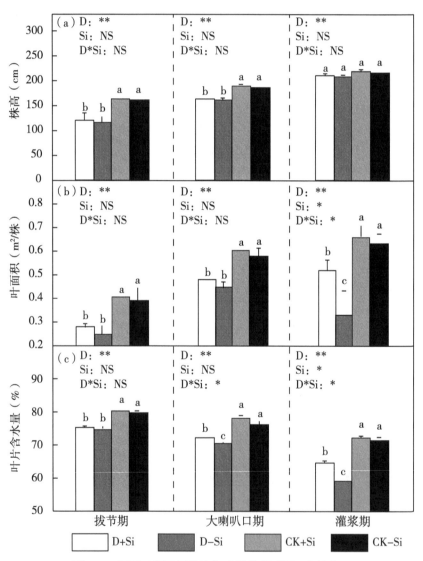

图 5-2 不同时期干旱胁迫与硅肥处理对夏玉米株高、
叶面积和叶片含水量的影响（2018 年）

复生长，与正常处理间差异逐渐缩小，至灌浆期（R2）株高和叶面积较正常处理差异缩小至 7.34% 和 25.6%。

玉米大喇叭口期干旱胁迫对玉米植株的生长影响最为显著，株高、叶面积和叶片含水量在控水结束时较正常处理分别降低 13.96%、40.92% 和 7.56%，水分胁迫后加硅处理株高较不加硅处理增加显著。后期复水后该阶段水分胁迫处理株高仍表现为最低，株高和叶面积分别较正常处理降低 14.59% 和 17.91%。

玉米灌浆期水分胁迫对玉米株高无显著影响，但对叶面积和叶片含水量影响显著。灌浆期水分胁迫玉米底部倒 1 叶至倒 4 叶叶片出现发黄干枯现象，其他部位叶片边缘和叶尖也出现轻微干枯。但该阶段加硅肥处理显著缓解了玉米旱情，叶面积和叶片含水量较不加硅处理分别提高 66.4% 和 5.93%。

在玉米拔节期干旱胁迫时，加硅处理对植株株高、叶面积和叶片含水量无显著影响。但在玉米大喇叭口期和灌浆初期干旱胁迫时加硅处理显著提高植株叶面积和叶片含水量。在灌浆初期加硅处理显著缓解了叶片衰老。这可能是由于加硅促进了根系对水分的吸收，并增加叶片叶绿素含量。另外，加硅处理显著增加后期叶片中硅含量，促进了叶脉中植硅体的形成，从而增加了干旱期叶片的支撑力。我们的研究发现硅对灌浆期干旱胁迫的研究要优于营养生长期。分析原因可能主要因为玉米营养生长期对干旱胁迫不敏感，50% 的土壤相对含水量的干旱程度不能很好地反映出硅对玉米干旱胁迫的调控作用。

二、对玉米叶片光合参数的影响

在干旱胁迫下维持相对较高的光合速率是体现植物耐旱性的一个重要指标。图 5-3 和图 5-4 分别为不同时期干旱胁迫和加硅处理对玉米叶片光合生理特性和叶绿素含量的影响。3 个时期干旱胁迫均显著降低了玉米光合速率、蒸腾速率和气孔导度以及叶绿素含量（包括叶绿素 a、叶绿素 b 和胡萝卜素）。在玉米拔节期干旱胁迫下，加硅与不加硅处理各光合指标及叶绿素含量无显著差异。在玉米大喇叭口期和灌浆期干旱胁迫下，加硅处理与不加硅处理比较，显著改善了植株光合速率、蒸腾速率和气孔导度以及叶绿素含量。在正常灌水条件下（CK），加硅处理与不加硅处理比较，各指标间差异不显著。

本研究结果表明，在玉米大喇叭口期和灌浆期干旱胁迫下，加硅处理缓解了降低程度。相同的研究结果在其他作物中也有相同的报道，如大豆、水稻等作物。我们推测认为主要是干旱胁迫下加硅可以维持叶片保持较高含水量和叶

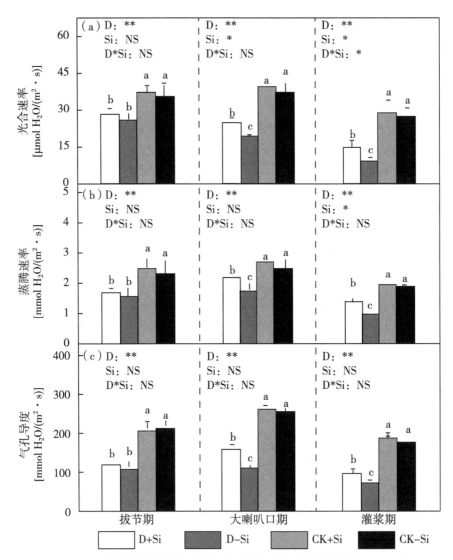

图 5-3　不同时期干旱胁迫与硅肥处理对夏玉米光合参数的影响（2018 年）

绿素含量，从而促进了光合速率。蒸腾速率和气孔导度是反映植株和水关系的重要指标。本研究中干旱胁迫显著抑制了植株蒸腾速率和气孔导度。但在大喇叭口期和灌浆期干旱胁迫下加硅处理显著提高了光合速率和气孔导度。该结果与相关研究一致，干旱胁迫下加硅促进了根系对水分的吸收，从而可维持较高的气孔导度。但以往也有研究指出干旱胁迫下加硅降低了叶片蒸腾速率，从而提高了水分利用效率。今后的研究需要从水分在植物体内的吸收与转运调控规

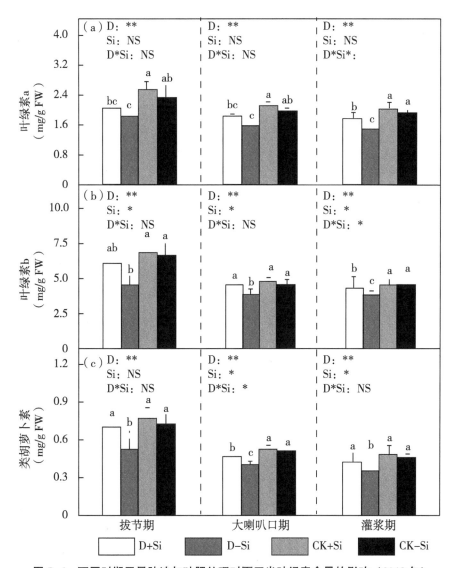

图 5-4 不同时期干旱胁迫与硅肥处理对夏玉米叶绿素含量的影响（2018 年）

律进行综合研究。此外，叶片水分状况也是影响气孔导度的重要因素。因此，今后的研究中应该充分考虑叶片含水量对光合生理特性的影响。

三、对 MDA、活性氧、抗氧化酶活性的影响

干旱胁迫下增加了活性氧的含量，从而引起膜脂过氧化反应，增加了丙二醛（MDA）的含量。抗氧化酶，如 SOD、POD 和 CAT 等可以缓解活性氧对细

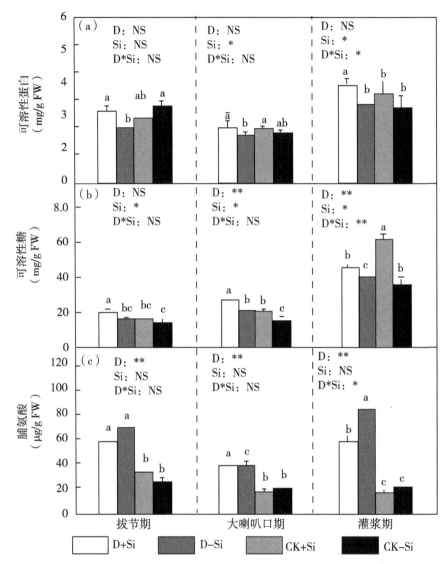

图5-5 不同时期干旱胁迫与硅肥处理对夏玉米渗透调节物质的影响（2018年）

胞膜的伤害。图5-5为不同时期干旱胁迫与硅肥处理对夏玉米渗透调节物质的影响。图5-6为不同时期干旱胁迫与硅肥处理对夏玉米叶片MDA和$O_2^{\cdot-}$的影响。由图5-6所示，干旱胁迫显著增加了玉米叶片MDA和$O_2^{\cdot-}$的含量，而加硅处理与不加硅处理比较MDA和$O_2^{\cdot-}$的含量降低。正常水分条件下，加硅与不加硅处理，两指标含量差异不显著。图5-7为不同时期干旱胁迫与硅肥处理对夏玉米叶片 SOD、POD 和 CAT 酶活性的影响。干旱胁迫显著降低了玉米叶片的 SOD、POD 和 CAT 酶活性含量，而加硅处理与不加硅处理比较 SOD、POD 和 CAT 的活性提高。正常水分条件下，加硅与不加硅处理，酶活性差异不显著。

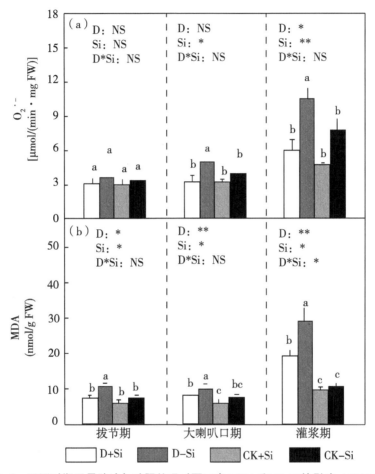

图 5-6　不同时期干旱胁迫与硅肥处理对夏玉米 MDA 和 $O_2{}^{\cdot-}$ 的影响（2018 年）

本研究发现干旱胁迫下显著降低了 SOD、POD 和 CAT 等抗氧化酶的活性，而增加了 MDA 和 $O_2{}^{\cdot-}$ 的积累。但是，在干旱胁迫下加硅显著提高了 SOD、POD 和 CAT 的活性，降低了 MDA 和 $O_2{}^{\cdot-}$ 的含量。因此，加硅可以通过提高抗氧化酶活性来维持细胞膜的完整性，降低膜的渗透性。相似的研究在小麦、大豆等作物中也有一致的报道。

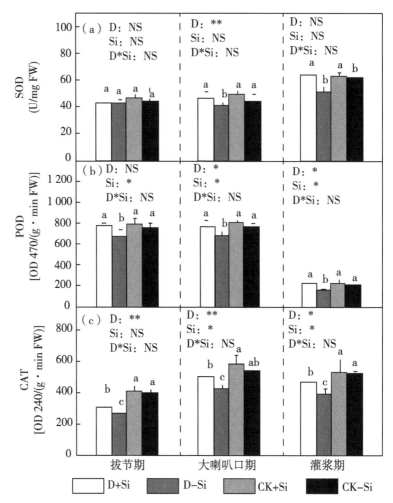

图 5-7　不同时期干旱胁迫与硅肥处理对夏玉米抗氧化酶活性影响（2018 年）

第三节　硅肥对干旱胁迫下玉米植株
生物量和硅含量的影响

一、对玉米生物量和产量的影响

干旱胁迫对玉米产量的影响不仅由发生程度决定，而且发生在不同的生育期对产量的影响也不同。大量研究认为干旱胁迫发生在玉米生殖生长期相比发生在营养生长前期会造成更严重的产量损失。本研究结果表明，在拔节期、大喇叭口期和灌浆期 3 个时期干旱胁迫处理籽粒产量分别较正常灌溉处理降低12.9%，28.9% 和 44.8%（表 5-1）。在 3 个时期干旱胁迫下，加硅处理较不加硅处理比较，籽粒产量分别提高 18.1%，69.8% 和 80.8%。各处理生物量高低顺序为 CK≈灌浆期>大喇叭口期>拔节期，加硅与不加硅处理比较生物量差异不显著。另外，产量较高的处理同样有较高的收获指数。不同时期干旱胁迫下，收获指数的高低顺序为 D-V6>D-V12>D-R2。

R2 干旱胁迫造成产量损失最大，其次为大喇叭口期，拔节期产量损失最小。收获指数与产量的顺序一致。结果说明，干旱胁迫仅发生在营养生长期可以促进根系向深层土壤延伸，从而增加根系对深层水分的吸收，在复水后反而可以提高玉米产量。而 R2 干旱胁迫显著抑制了籽粒灌浆和产量形成。干旱胁迫下加硅降低了干旱胁迫引发的产量损失，尤其在大喇叭口期和灌浆期。该研究结果表明硅可以有效地缓解干旱胁迫造成的产量损失，尤其在玉米营养生长后期和生殖生长前期。

表 5-2 为同生育阶段各生理指标与产量的皮尔逊相关性。不同生育期各生理指标与产量的相关性存在较大差异。在灌浆期有更多的生理指标与产量相关性显著。在 3 个生育期叶绿素含量、SOD 和 POD 活性与产量均呈现显著的正相关关系。光合速率、蒸腾速率和 CAT 活性在大喇叭口期和灌浆期与产量相关性显著，但在拔节期相关性不显著。另外，在 3 个生育期脯氨酸与产量呈显著负相关关系。

表 5-1　不同时期干旱胁迫与硅肥处理对夏玉米产量、生物量和收获指数的影响

因子	产量 （g/盆）	生物量 （g/盆）	收获 指数
干旱（DR）			
D-V6	175 b	137 c	0.56 a
D-V12	143 c	166 b	0.45 b
D-R2	111 d	213 a	0.34 c
CK	201 a	228 a	0.47 b
硅（Si）			
+Si	182 a	191 a	0.49 a
−Si	133 b	181 a	0.42 b

（续表）

因子	产量 （g/盆）	生物量 （g/盆）	收获 指数
硅×干旱时期			
+Si-D-V6	190±6.97 b	139±9.87 c	0.58±0.03 a
+Si-D-V12	179±6.66 b	166±5.09 b	0.52±0.02 b
+Si-D-R2	143±9.95 c	219±14.7 a	0.40±0.05 d
+Si-Ck	214±9.19 a	237±13.2 a	0.47±0.02 bc
-Si-D-V6	169±10.3 bc	135±6.20 c	0.55±0.03 ab
-Si-D-V12	106±9.94 d	165±10.7 b	0.39±0.07 d
-Si-D-R2	79.1±8.99 e	207±8.61 a	0.28±0.01 e
-Si-CK	198±11.3 ab	217±3.97 a	0.46±0.02 c
双因子方差分析			
硅	***	NS	***
干旱	***	***	***
硅×干旱时期	**	NS	**

表5-2　玉米不同生育阶段各生理指标与产量的皮尔逊相关性

参数	拔节期	大喇叭口期	灌浆期
株高	0.766	0.780	0.816
叶面积	0.836	0.881	0.992**
叶绿素含量	0.924*	0.998**	0.994**
光合速率	0.837	0.901*	0.966*
蒸腾速率	0.829	0.961*	0.987*
可溶性蛋白	0.423	0.739	0.200
可溶性糖	0.162	0.137	0.521
脯氨酸	−0.674	−0.755	−0.977*
SOD	0.918*	0.932*	0.925*
CAT	0.831	0.976*	0.987*
POD	0.971*	0.994*	0.919*
$O_2^{\cdot-}$	−0.890	−0.907	−0.832
MDA	−0.957*	−0.959*	−0.989*

二、对土壤和植株中硅含量的影响

加硅处理显著提高了玉米叶片、茎秆中硅含量以及土壤中有效硅的含量（表5-3）。不同时期干旱胁迫处理对叶片中硅含量无显著影响。D-V6处理茎秆和土壤中硅含量最高，其次为D-V12期。

表5-3　不同时期干旱胁迫与硅肥处理对植株和土壤中硅含量的影响

因子	叶片（%）	茎秆（%）	土壤有效硅（mg/kg）
干旱（DR）			
D-V6	7.26 a	1.47 a	428 a
D-V12	7.13 a	1.17 bc	403 bc
D-R2	6.81 a	1.04 c	382 c
CK	7.39 a	1.23 b	379 c
硅（Si）			
+Si	7.90 a	1.30 a	419 a
-Si	6.40 b	1.15 b	378 b
硅×干旱时期			
+Si-D-V6	7.84 ± 0.66 a	1.49 ± 0.16 a	438 ± 26.8 a
+Si-D-V12	7.70 ± 0.14 a	1.32 ± 0.24 ab	432 ± 12.9 a
+Si-D-R2	7.88 ± 0.88 a	1.12 ± 0.05 bc	412 ± 22.7 ab
+Si-Ck	8.20 ± 0.45 a	1.26 ± 0.07 abc	394 ± 1.60 b
-Si-D-V6	6.69 ± 0.45 b	1.45 ± 0.09 ab	419 ± 10.6 a
-Si-D-V12	6.56 ± 0.43 b	1.01 ± 0.26 cd	375 ± 17.5 bc
-Si-D-R2	5.74 ± 0.86 b	0.95 ± 0.13 d	352 ± 21.3 c
-Si-CK	6.58 ± 0.55 b	1.20 ± 0.10 bc	364 ± 13.3 c
硅	**	*	**
干旱	NS	*	**
硅×干旱时期	NS	NS	NS

参考文献

曹逼力，李炜蓓，徐坤，2016. 干旱胁迫下硅对番茄叶片光合荧光特性的影响 [J]. 植物营养与肥料学报，22 (2)：495-501.

陈伟，蔡昆争，陈基宁，2012. 硅和干旱胁迫对水稻叶片光合特性和矿质养分吸收的影响 [J]. 生态学报，32 (8)：2620-2628.

董朝阳，刘志娟，杨晓光，2015. 北方地区不同等级干旱对春玉米产量影响 [J]. 农业工程学报，31 (11)：157-164.

杜伟莉，高杰，胡富亮，等，2013. 玉米叶片光合作用和渗透调节对干旱胁迫的响应 [J]. 作物学报，39 (3)：530-536.

郭艳阳，刘佳，朱亚利，等，2018. 玉米叶片光合和抗氧化酶活性对干旱胁迫的响应 [J]. 植物生理学报，54 (12)：1839-1846.

COMAS L H, TROUT T J, DEJONGE K C, et al., 2019. Water productivity under strategic growth stage - based deficit irrigation in maize [J]. Agricultural Water Management, 212：433-440.

CONCEICAO S S, NETO C F D, MARQUES E C, et al., 2019. Silicon modulates the activity of antioxidant enzymes and nitrogen compounds in sunflower plants under salt stress [J]. Archives of Agronomy and Soil Science, 65：1237-1247.

COSKUN D, BRITTO D T, HUYNH W Q, et al., 2016. The role of silicon in higher plants under salinity and drought stress [J]. Frontiers in Plant Science, 7, 1072.

FAROOQ M, WAHID A, KOBAYASHI N, et al., 2009. Plant drought stress, effects, mechanisms and management [J]. Agronomy for Sustainable Development, 29：185-212.

GAO X, ZOU C, WANG L, et al., 2006. Silicon decreases transpiration rate and conductance from stomata of maize plants [J]. Journal of Plant Nutrition, 29：1637-1647.

GONG H J, CHEN K M, 2012. The regulatory role of silicon on water relations, photosynthetic gas exchange, and carboxylation activities of wheat leaves in field drought conditions [J]. Acta Physiologiae Plantarum, 34：1589-1594.

GONG H J, CHEN K M, CHEN G C, et al., 2003. Effects of silicon on growth of wheat under drought [J]. Journal Plant Nutrition, 26, 1055 - 1063.

GONG H J, CHEN K M, ZHAO Z G, et al., 2008. Effects of silicon on defense of wheat against oxidative stress under drought at different developmental stages [J]. Biologia Plantarum, 52: 592-596.

GONG H J, ZHU X Y, CHEN K M, et al., 2005. Silicon alleviates oxidative damage of wheat plants in pots under drought [J]. Plant Science, 169, 313-321.

HELALY M N, HOSEINY E H, EL-SHEERY N I, et al., 2017. Regulation and physiological role of silicon in alleviating drought stress of mango [J]. Plant Physiology Biochemistry, 118: 31-44.

HUSSAIN M, FAROOQ S, HASAN W, et al., 2018. Drought stress in sunflower: Physiological effects and its management through breeding and agronomic alternatives [J]. Agricultural Water Management, 201 152-166.

KIM Y H, KHAN A L, WAQAS M, et al., 2017. Silicon regulates antioxidant activities of crop plants under abiotic-induced oxidative stress, A review [J]. Frontiers in Plant Science, 8: 1346.

LATEF A A A, TRAN L S P, 2016. Impacts of priming with silicon on the growth and tolerance of maize plants to alkaline stress [J]. Frontiers in Plant Science, 7, 243.

LAVINSKY A O, DETMANN K C, REIS J V, et al., 2016. Silicon improves rice grain yield and photosynthesis specifically when supplied during the reproductive growth stage [J]. Journal Plant Physiology, 206: 125-132.

LIU P, YIN L N, DENG X P, et al., 2014. Aquaporin-mediated increase in root hydraulic conductanceis involved in silicon-induced improved root water uptake under osmotic stress in Sorghum bicolor L [J]. Journal of Experimental Botany, 65: 4747-4756.

MAHMOOD S, DAUR I, HUSSAIN M B, et al., 2017. Silicon application and rhizobacterial inoculation regulate mung bean response to saline water irrigation [J]. Clean-Soil Air Water, 45, 1600436.

MAILLARD A, ALI N, SCHWARZENBERG A, et al., 2018. Silicon

transcriptionally regulates sulfur and ABA metabolism and delays leaf senescence in barley under combined sulfur deficiency and osmotic stress [J]. Environmental and Experimental Botany, 155: 394-410.

MA J F, YAMAJI N, 2015. A cooperative system of silicon transport in plants [J]. Trends Plant Science, 20: 435-442.

MANSOURI-FAR C, SANAVY S A M M, SABERALI S F, 2010. Maize yield response to deficit irrigation during low-sensitive growth stages and nitrogen rate under semi - arid climatic conditions [J]. Agricultural Water Management, 97: 12-22.

MANSOUR M M F, ALI E F, 2017. Evaluation of proline functions in saline conditions [J]. Phytochemistry, 140: 52-68.

MEUNIER J D, BARBONI D, ANWAR-UL-HAQ M, et al., 2017. Effect of phytoliths for mitigating water stress in durum wheat [J]. New Phytologist, 215: 229-239.

NING D F, SONG A L, FAN F L, et al., 2014. Effects of slag-based silicon fertilizer on rice growth and brown - spot resistance [J]. PloS One, 9, e102681.

PEI Z F, MING D F, LIU D, et al., 2010. Silicon improves the tolerance to water - deficit stress induced by polyethylene glycol in wheat (*Triticum aestivum* L.) seedlings [J]. Journal of Plant Growth Regulation, 29: 106-115.

PUÉRTOLAS J, ALBACETE A, DODD I C, 2020. Irrigation frequency transiently alters whole plant gas exchange, water and hormone status, but irrigation volume determines cumulative growth in two herbaceous crops [J]. Environmental and Experimental Botany, 176: 104101.

RAO D E, CHAITANYA K V, 2016. Photosynthesis and antioxidative defense mechanisms in deciphering drought stress tolerance of crop plants [J]. Biologia Plantarum, 60: 201-218.

SHEN X F, ZHOU Y Y, DUAN L S, et al., 2010. Silicon effects on photosynthesis and antioxidant parameters of soybean seedlings under drought and ultraviolet-B radiation [J]. Journal of Plant Physiology, 167: 1248-1252.

SHI Y, ZHANG Y, YAO H J, et al., 2014. Silicon improves seed germination and alleviates oxidative stress of bud seedlings in tomato under water deficit stress [J]. Plant Physiology Biochemistry, 78: 27–36.

SUN Q, LIANG X L, ZHANG D G, et al., 2017. Trends in drought tolerance in Chinese maize cultivars from the 1950s to the 2000s [J]. Field Crops Research, 201: 175–183.

TOLLENAAR M, AHMADZADEH A, LEE E A, 2004. Physiological basis of heterosis for grain yield in maize [J]. Crop Science, 44: 2086–2094.

TROUT T J, DEJONGE K C, 2017. Water productivity of maize in the US high plains [J]. Irrigation Science, 35, 251–266.

VURUKONDA S S K P, VARDHARAJULA S, SHRIVASTAVA M, et al., 2016. Enhancement of drought stress tolerance in crops by plant growth promoting rhizobacteria [J]. Microbiological Research, 184, 13–24.

WANG Y, ZHANG X Y, CHEN J, et al., 2019. Reducing basal nitrogen rate to improve maize seedling growth, water and nitrogen use efficiencies under drought stress by optimizing root morphology and distribution [J]. Agricultural Water Management, 212: 328–337.

YIN L N, WANG S W, LIU P, et al., 2014. Silicon–mediated changes in polyamine and 1–aminocyclopropane–1–carboxylic acid are involved in silicon–induced drought resistance in Sorghum bicolor [J]. Plant Physiology and Biochemistry, 80: 268–277.

第六章　病害侵染下水稻对硅钙肥的生理和生化特性响应

　　水稻是全球半数以上人口的主食，占世界粮食作物产量的 40%。我国是水稻生产大国，常年种植面积约 3 000万 hm²，占我国耕地面积的 25%，占世界水稻种植面积的 23%，居世界第二位。我国稻谷总产量近 20 000万 t，占全国粮食总产的 37%，占世界稻谷总产的 35%，居世界第一位（虞国平，2009）。水稻生产与国家粮食安全息息相关，在国民经济发展中占有重要的战略地位。水稻是喜硅植物，硅促进水稻生长发育、增强对病虫害的防御能力，增加对干旱胁迫、盐胁迫和重金属胁迫的耐受能力，增加水稻产量并改善品质，水稻植株中硅含量远大于氮、磷、钾三大矿质营养元素的含量，被认为是水稻的准必需生长元素（Ma et al.，2002）。在热带和亚热带地区，由于高温高湿的环境条件，土壤脱硅富铝化现象严重（Raven，2003）。另外，加之水稻的常年连作，显著地降低了土壤中有效硅的含量。据报道，每公顷稻田每生产 5 000 kg 水稻，将从土壤中带走 230 ~ 470 kg 有效硅（Rodrigues et al.，2005）。因此，长此以往，势必造成土壤中硅素的亏缺，而成为水稻生长的限制因子。因此，外源硅肥的施入是水稻可持续健康发展的保障。

　　水稻胡麻叶斑病（*Bipolaris oryzae*）是水稻最严重和流行的病害之一，严重影响水稻的生长和产量（Ou，1985；Motlagh et al.，2008）。农业生产中主要靠农药来控制胡麻叶斑病的发生和发展。但考虑到农业生态环境安全，环境友好型的防治方法更需要研发和推广。水稻自身的生理条件是影响胡麻叶斑病病情的重要因子，而水稻的生理条件又受土壤养分情况的影响，特别是养分的亏缺和失衡（Marchetti et al.，1984）。钢渣中含有大量植物生长所需要的营养元素，如 Ca（29% ~ 36%）、Si（4% ~ 12%）、Fe（6% ~ 27%）、Mg（1.8% ~ 10.2%）及少量的 P、Mn、Cu、Zn 等元素（Tsakiridis et al.，2008；吴志宏等，2005），是优良的硅钙肥原料（Datnoff et al.，1991；Liang et al.，1994）。钢渣硅钙肥在日本、欧洲、美国，以及中国等许多国家和地区都有施用，研究表明钢渣硅钙肥可以显著促进作物生长，提高植物对生物和非生物胁迫的抵抗能力，继而提高作物产量（Datnoff et al., 1997；Seebold et al., 2001；Ma et al., 2002；Liang et al., 2007）。但由于炼钢中矿石、焦炭和灰分的不同，以及炼钢工艺的不同，钢渣的组成和性能差异很大（Cha et al., 2006）。不同的钢渣由于植物有效性硅的含量及硅肥肥效存在差异。

本章通过盆栽试验研究在相同有效硅施用水平下，不同的钢渣硅钙肥对水稻生长和病害防御的影响，并进一步探明硅在调节水稻对胡麻叶斑病防御中水稻叶片超微结构的变化。结果表明：在缺硅土壤中施入两种不同的钢渣硅钙肥都显著促进了水稻生长、病害防御和产量的形成。空气缓慢冷却钢渣与快速冷却的水淬渣比较，前者硅的植物有效性更高。两种钢渣硅钙肥的施用显著提高了水稻茎秆和叶片中硅的含量。通过扫描电镜观察到施硅显著提高了叶片表皮中硅化细胞的数目和强度，以及乳突的大小和强度，有利于防止病菌的侵染。通过透射电镜观察到，施硅处理提高了水稻叶片表皮细胞壁硅化层的厚度，对硅的入侵起到物理防御机制。施硅处理细胞内真菌数目和侵染程度显著降低，结合以往研究推测认为，叶片内水溶性硅诱导寄主细胞从生理上抑制病原菌（*Bipolaris oryzae*）的生长和扩散。

第一节　材料与方法

一、试验设计

盆栽试验在中国农业科学院玻璃温室进行。试验选用两种不同的钢渣硅钙肥。一种为空气自然冷却钢渣，0.5 mol/L HCl 浸提测定有效硅（SiO_2）含量为16.3%，试验中标记为"H"肥料。另一种为水淬渣，有效硅含量为20.0%，试验中标记为"Q"肥料。试验设置4个硅肥用量处理，即每千克土中有效硅的用量分别设置为 0 mg（Si_0）、400 mg（Si_1）、1 200 mg（Si_2）与2 000 mg（Si_3），每个处理重复 3 次。以 0.5 mol/L HCl 浸提测定的钢渣中有效 SiO_2 的含量为计算标准，换算为钢渣的实际用量。

试验用土于中国海南省琼海市水稻田采集（19°09′16.2″N，110°17′35.3″E）。该地水稻土发源于砖红壤，土壤有效硅（SiO_2）含量为 89.4 mg/kg，土壤 pH 值为 5.16。土壤自然风干后，挑出杂质，统一过 2 mm 筛备用。试验每盆装土 5 kg，每盆氮、磷、钾肥用量分别为 1.0 g N、0.26 g P_2O_5、

0.42 g K_2O。氮肥选用尿素，磷肥选用磷酸二氢钾，钾肥选用硫酸钾。装土时将每盆需要的钢渣硅钙肥以及氮、磷、钾肥同时加入混匀，放置沉淀 3 d，之后加蒸馏水至土壤呈饱和状态，静止放置 5 d。试验所用水稻品种为'丰源优 299'，是中晚熟杂交水稻，对病虫害防御能力较低。水稻种子先用 30% 的过氧化氢溶液浸泡 15 min，然后用水浸种 24 h，后人工气候箱内催芽，露白后转移至育苗盘，在人工气候箱内育苗，在苗龄长至 3 叶期（7 月 15 日），挑选长势一致的秧苗移栽，每盆栽种 2 株。在水稻生长过程中统一浇灌蒸馏水，水面保持高于土面 2 cm 左右。

二、测试方法与统计分析

（一）病害指数调查

水稻在生长过程中，自然条件下于拔节期感染胡麻叶斑病（*Bipolaris oryaze*）。在感病后的两个星期调查病害指数。主要调查指标如下。

1. 得病率

即每盆感染病害叶片数占总叶片数的比例。

2. 病级指数

首先根据感染叶片病斑面积占该叶片总面积的比例，将叶片病害程度（S）划分为 6 个等级，分别为：DS-0，无感病叶片；DS-1，病斑比例低于 1%；DS-3，病斑比例低于在 2%~5%；DS-5，病斑比例在 6%~15%；DS-7，病斑比例在 16%~25%；DS-9，病斑比例大于 25%。病级指数计算公式如下。

$$病级指数（\%）=[\sum(DS×ns)/(9×Ns)]×100$$

式中，S 为病害程度划分的等级数；ns 为划分为 S 等级的叶片数目；Ns 为每盆叶片的总数目（Cai et al., 2008）。

（二）扫描电镜样品制备

水稻叶片表面硅化细胞采用扫描电镜观察。试验中只选取了病级指数最低的处理（H-Si_3）以及病级指数最高的处理 Si_0 的叶片。在水稻开花期，取水稻倒二叶叶片中部，用锋利的刀片将叶片剪成 1 mm 的碎片，于体积分数为 2.5% 的戊二醛溶液中固定 48 h，用 0.5% Na_2S（pH 值 7.2）漂洗 3 次，15 min/次，然后 1% 的四氧化锇在磷酸缓冲液中固定 30 min，50%—70%—80%—90%—100% 乙醇梯度脱水各 1 次，15 min/次，二氧化碳临界点干燥（BAL-TEC CPD030），喷金-离子溅射仪（BAL-TEC），叶片表面结构用扫描电镜观察（FEI QUANTA200，日本）。

（三）透射电镜样品制备

取样方式同扫描电镜。在水稻开花期，取水稻倒 2 叶叶片中部，用锋利的刀片将叶片剪成 1 mm 的碎片，于体积分数为 2.5% 的戊二酸溶液（V/V）中固定 48 h，用 0.5% Na$_2$S（pH 值 7.2）浸泡 0.5 h，然后用 0.1 mol/L 磷酸缓冲液（pH 值 7.2）冲洗 3 次，15 min/次，1% 的四氧化锇在磷酸缓冲液中固定 2 h，磷酸缓冲液洗 3 次，15 min/次，第 3 次漂洗后样品浸泡在 5% 的乙酸双氧铀中，置于 4 ℃ 冰箱过夜。然后 30%—50%—70%—85%—95% 乙醇梯度脱水各 1 次，15 min/次，100% 乙醇脱水 3 次，15 min/次，依次向样品渗透 1:1 比例的无水乙醇和 LR white 的混合液，30 min；纯 LR White 4 ℃ 过夜；纯 LR White，30 min。样品放入胶囊内，用 LR white 包埋，60 ℃ 聚合 24 h。在 LKBVI 型（瑞典）超薄切片机上用钻石刀切片，厚度为 70 nm。醋酸铀和柠檬酸铅双重染色，在 Phillips EM 400 ST（荷兰）电子显微镜下观察，照相。

（四）钢渣成分组成测定

钢渣中主要元素组成采用扫描电镜（JSM-6510，SEM）在加速 20 kV 电压下 X 射线能谱仪（Genesis XM2，EDS）连接测定。在扫描之前，所有样品喷金以提高电导率。

（五）钢渣硅钙肥中有效硅含量测定

钢渣磨细过 0.3 mm 筛，0.5 mol/L HCl 浸提，钢渣和浸提液的比例为 1:50，在 28 ℃ 恒温振荡 1 h，过滤，滤液稀释 50 倍。然后吸取该溶液 2.50 mL 至 50 mL 容量瓶中，加水至 12 mL，加 0.6 mol/L（1/2 H$_2$SO$_4$）溶液 5 mL，50 g/L 钼酸铵 5 mL，摇匀后放置 10 min，再依次加入 50 g/L 草酸 5 mL，50 g/L 硫酸亚铁铵 5 mL，蒸馏水定容，20 min 后分光光度计 660 nm 比色测定（Buck et al.，2011）。

（六）土壤有效硅含量测定

土壤风干后过 2 mm 土筛，采用 0.025 mol/L 柠檬酸浸提，土壤和浸提液的比例为 1:10；在 30 ℃ 恒温箱中静置 5 h 浸提，每隔 1 h 摇动 1 次。吸取滤液 2.5 mL 于 25 mL 的容量瓶中，加 0.6 mol/L（1/2 H$_2$SO$_4$）溶液 2.5 mL，加蒸馏水稀释至 10 mL 左右，在 30~35 ℃下放置 15 min。然后加 50 g/L 的钼酸铵 2.5 mL，摇匀后放置 5 min，依次加入 2.5 mL 50 g/L 草酸和 15 g/L 抗坏血酸，蒸馏水定容，放置 20 min 后，分光光度计 700 nm 比色测定（鲍士旦，1999）。

（七）植株中硅含量

秸秆、叶片和籽粒烘干后磨细过 0.149 mm 筛（籽粒磨细前首先去掉颖壳）。称取 100 mg 样品放入 50 mL 耐高压塑料管中，加入 3 mL 50% 的 NaOH 溶液，松松盖上盖子，涡旋仪上摇匀，于高压灭菌锅中 121 ℃下灭菌 20 min，拿出用漏斗转移至 50 mL 容量瓶中，蒸馏水定容。吸取 1 mL 样品至 25 mL 容量瓶中，加入 15 mL 冰醋酸（20%），接着加入 5 mL 钼酸铵溶液（54 g/L，pH 值 7.0），摇匀 5 min 后，快速加入 2.5 mL 酒石酸（20%），接着快速加入 0.5 mL 还原试剂，最后用 20% 的冰乙酸定容至 25 mL。30 min 后 650 nm 分光光度计测定（戴伟民等，2005；Nanayakkara et al.，2008）。

（八）生物量与产量

水稻成熟期，紧贴地面收割，将取回的水稻按叶片、茎秆、籽粒三部分分开。样品于 75 ℃烘箱中烘至恒重，记录各器官干重。

（九）统计分析

试验数据用 SPSS 18.0 做统计分析，采用 LSD 法进行差异显著性比较，Origin 8.5 作图。

第二节　水稻生长

一、钢渣硅钙肥施用对水稻干物重的影响

由表 6-1 知，与 CK（Si_0）比较，Q 和 H 两种钢渣硅钙肥的施用都显著增加了水稻叶片、茎秆和籽粒的干物重。但是，同种钢渣不同用量处理间比较，干物重都没有显著差异。两种不同的钢渣硅钙肥比较，对水稻叶片和茎秆干物重的影响没有显著差异，但是 H 钢渣硅钙肥处理的籽粒平均产量要显著高于

Q 钢渣硅钙肥的平均产量。试验结果表明，两种钢渣硅钙肥的施用都显著促进了水稻的生长和产量的形成。H 钢渣硅钙肥和 Q 钢渣硅钙肥间比较，H 钢渣硅钙肥处理的籽粒平均产量要显著高于 Q 钢渣硅钙肥的平均产量。分析认为有两个因素可以解释这一结果。第一，钢渣的组成和冷却方式影响钢渣中硅的释放。H 钢渣为空气缓慢冷却型，Q 钢渣为水淬快速冷却钢渣。慢速冷却钢渣硅对植物的有效性要高于快速冷却钢渣。因而，本文 H 钢渣硅钙肥中的 Si 更有利于植物的吸收和利用。在相同有效硅用量的条件下，H 钢渣硅钙肥的效率更高。结果也进一步说明，单独的化学方法浸提的植物有效硅的含量并不能精确的表明钢渣中硅的植物有效性。研究不同钢渣中硅在水稻土中的释放规律及影响因素，对钢渣硅钙肥的合理利用十分必要。第二，钢渣中其他对植物生长必需的微量元素，如 Ca、Mg、Fe、Mn 等对植物的生长有促进作用。本文 H 钢渣的有效硅含量低于 Q 钢渣，因而在施用有效硅含量相同的条件下，H 钢渣硅钙肥的用量要大于 Q 钢渣，因而导致施入的 H 钢渣中其他必需微量元素的含量要高于 Q 钢渣，从而更好地促进了水稻的生长。所以，钢渣中 Ca、Mg、Fe、Mn 等元素对植物生长发育和产量的作用有待进一步研究。

表 6-1　钢渣硅钙肥施用对水稻不同器官干物重的影响　　　　　单位:%

肥料	用量	叶片	茎秆	籽粒
CK	Si_0	7.72±1.60 b	13.6±4.73b	4.71±1.52 c
Q	Si_1	13.1±2.02 a	20.8±1.11 a	11.8±0.69 b
	Si_2	13.7±2.02 a	20.8±1.07 a	13.4±2.37 b
	Si_3	13.0±2.27 a	20.2±1.46 a	13.7±1.99 ab
H	Si_1	12.8±2.71 a	19.4±1.30 ab	15.1±2.33 ab
	Si_2	11.5±1.08 a	20.2±1.24 a	15.0±1.53 ab
	Si_3	12.5±1.15a	23.7±2.40 a	16.9±2.08 a
变异来源	Df		F 值	
Slag	1	0.816 ns	0.142 ns	6.41*
Si-R	3	9.93*	11.61*	36.3**
Slag×Si-R	3	0.388 ns	1.03 ns	1.90 ns

注：数据值为每个处理 3 个重复的平均值，a，b，c 字母表示同一季水稻不同处理间差异达 5%显著水平，Slag：钢渣，Si-R：钢渣施用量；* 表示 $P<0.05$，** 表示 $P<0.01$，ns 表示不显著。

二、钢渣硅钙肥施用对水稻硅含量的影响

由表6-2知,水稻不同器官中硅含量差异很大,硅主要积累于叶片和茎秆中,籽粒中含量较低。与CK(Si_0)比较,两种钢渣硅钙肥的施用都显著地增加了叶片、茎秆和籽粒中的硅含量。水稻各器官中硅含量随着硅肥用量的增加呈增加的趋势,其中H钢渣硅钙肥的Si_3处理与Si_1处理间差异显著,而Q钢渣硅钙肥用量处理间没有显著差异。H钢渣硅钙肥处理的茎秆平均硅含量显著高于Q处理的茎秆中硅含量。两种肥料处理,叶片和籽粒平均硅含量差异不显著。

表6-2　钢渣硅钙肥施用对水稻不同器官硅（SiO_2）含量的影响　　　单位:%

肥料	用量	叶片	茎秆	籽粒
CK	Si_0	11.1±0.31 c	5.17±0.42 d	0.19±0.031 c
Q	Si_1	12.3±0.36 b	5.57±0.47 cd	0.22±0.04 bc
	Si_2	12.3±0.35 b	5.34±0.27 cd	0.23±0.04 bc
	Si_3	12.1±0.31 b	5.76±0.14 c	0.27±0.02 ab
H	Si_1	11.9±0.22 b	5.54±0.30 cd	0.21±0.03 c
	Si_2	12.6±0.13 ab	6.31±0.39 b	0.26±0.02 ab
	Si_3	12.9±0.27 a	6.87±0.368 a	0.28±0.04 a
变异来源	Df		F值	
Slag	1	2.09 ns	21.05 **	0.602 ns
Si-R	3	30.9 **	18.5 **	13.7 *
Slag×Si-R	3	1.80 ns	7.56 *	0.786 ns

注:数据为每个处理3个重复的平均值,a,b,c字母表示同一季水稻不同处理间差异达5%显著水平,Slag:钢渣,Si-R:钢渣施用量; * 表示 $P<0.05$, ** 表示 $P<0.01$, ns表示不显著。

三、钢渣硅钙肥施用对水稻病害的影响

由于温室内高温高湿的气候条件,水稻在拔节期时感染了胡麻叶斑病(*Bipolaris oryzae*)。表6-3为不同钢渣硅钙肥施用对水稻胡麻叶斑病得病率和病级指数的影响,表中数据为得病两星期后,开花初期的病情调查结果。

由表 6-3 知，至开花期，CK（Si_0）处理病情十分严重，得病率为 39.6%，病级指数为 56.0%。相对 CK 处理，两种钢渣硅钙肥的施用都显著降低了叶片胡麻叶斑病的得病率和病级指数。相同硅钙肥不同施用量间比较，得病率没有显著差异，但两者的 Si_3 处理的病级指数都显著低于 Si_1 处理。Q 钢渣和 H 钢渣比较，H 钢渣处理叶片病级指数显著低于 Q 钢渣处理。两种钢渣硅钙肥的施用都显著增加了水稻叶片和茎秆中硅含量，降低了胡麻叶斑病病情。

表 6-3　钢渣硅钙肥施用对水稻胡麻叶斑病病情的影响

肥料	用量	得病率（%）	病级指数（%）
CK	Si_0	39.7±2.11a	56.1±2.60 a
Q	Si_1	4.67±0.60 b	22.0±3.50 b
	Si_2	1.33±1.53 bc	8.64±2.71bc
	Si_3	0.33±0.58 c	2.22±3.85 c
H	Si_1	3.67±2.08 b	18.0±2.26 b
	Si_2	1.33± 0.58 bc	8.89±2.67bc
	Si_3	0.00±0.0 c	0.00±0.00 c
变异来源	Df	F 值	
Slag	1	0.0145 ns	13.20*
Si-R	3	47.05**	3 545**
Slag×Si-R	3	0.00727 ns	5.85 ns

注：数据为每个处理 3 个重复的平均值，a，b，c 字母表示同一季水稻不同处理间差异达 5% 显著水平，Slag：钢渣，Si-R：钢渣施用量；*表示 $P<0.05$，**表示 $P<0.01$，ns 表示不显著。

本研究同样发现，在施硅处理与不施硅处理间，水稻叶片细胞内真菌细胞的数目和侵染存在很大差异，施硅处理明显低于不施硅处理。我们推测叶片内水溶性硅可诱导寄主细胞从生理上增强对胡麻叶斑病（*Bipolaris oryzae*）的防御能力，从而降低了病菌的生长和扩散。

第三节　水稻叶片超微结构和表面结构

一、水稻叶片超微结构

水稻叶片超薄样品用透射电镜观察叶肉细胞超微结构。从叶肉细胞结构图可以观察到，施硅处理与不施硅处理叶片，细胞内真菌细胞的数目和侵染程度存在很大差异。不施硅处理，水稻叶片开花期在真菌的侵染下，叶肉细胞的结构被破坏，细胞质分裂，叶绿体结构退化，细胞壁结构变形，产生大量无定形物质。施硅处理叶肉细胞整体结构以及各细胞器都保持完整（图6-1）。

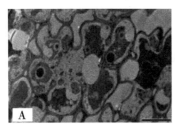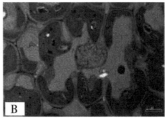

图6-1　水稻叶片叶肉细胞透射电镜图片

注：比例尺=5 μm；A：CK（Si_0）处理开花期水稻叶片叶肉细胞结构；B：H 钢渣硅钙肥的 Si_2 花期水稻叶片叶肉细胞结构。

图6-2A/B 为不同处理水稻叶片细胞壁的透射电镜图片。由图可以看出，无施硅处理细胞壁厚度显著低于施硅处理，施硅处理细胞壁边缘可以观察到硅化层（图6-2B）。

图6-3A/B 为不同处理水稻叶片叶绿体透射电镜图片。由图 6-3A 观察知，无施硅处理叶肉细胞叶绿体类囊体片层膨胀疏松，叶绿体的基质片层和基粒片层扭曲。由图6-3B 观察知，施硅处理叶绿体结构相对完整，类囊体片层堆积有序，基粒片层积累紧密，而且可以观察到淀粉粒。

二、水稻叶片扫描结构

图6-4 和图6-5 分别为扫描电镜（SEM）在 100 倍和 150 K 放大倍数观察水稻开花期倒二叶表面形态结构。由 6-4 图片可以观察到叶片表皮分布的硅

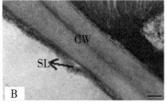

图 6-2　水稻叶片细胞壁透射电镜图片

注：比例尺 = 1 μm；CW（Cell wall）表示细胞壁；AM（Amorphous material）表示无定型物质；SL（Silicon layer）表示硅层。A：CK（Si_0）处理开花期水稻叶片叶肉细胞结构；B：H 钢渣硅钙肥的 Si_2 处理花期水稻叶片叶肉细胞结构。

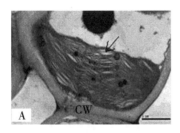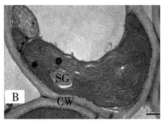

图 6-3　水稻叶片叶绿体壁透射电镜图片

注：比例尺 = 1 μm；CW（Cell wall）表示细胞壁；SG（Starch grain）表示淀粉粒；A：CK（Si_0）处理开花期水稻倒二叶叶片叶绿体结构；B：H 钢渣硅钙肥的 Si_3 处理花期水稻叶片叶绿体结构。

化细胞、乳突和气孔，硅化细胞呈哑铃状，以竖直线性状规整的排列于叶片表皮。通过图 6-4A 与图 6-4B 比较可以发现，施硅处理显著增加了硅化细胞的数目和乳突的大小和强度。

两种钢渣硅钙肥的施用都显著增加了水稻叶片和茎秆中硅含量，降低了胡麻叶斑病病情。施硅处理提高了水稻叶片中硅化细胞和乳突的大小和强度。叶片表皮形成的乳突可以增强对病菌的防御能力。施硅处理提高了叶片表皮细胞壁硅化层的厚度。细胞壁硅化层的形成可以提高对胡麻叶斑病的抵御能力。这与以往的研究认为施硅处理增加了叶片表皮细胞单位面积硅化细胞的频率，以及"角质-硅双层"的形成，在细胞中成为物理屏障，而阻止病菌的入侵的观点一致。

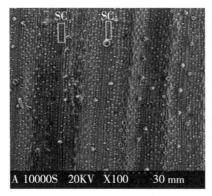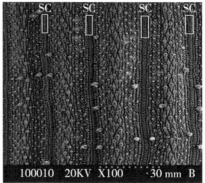

图 6-4　水稻叶片表皮细胞扫描电镜结构（100 倍放大倍数）

　　注：比例尺 = 30 μm；SC（silica cell）表示硅化细胞；A：CK（Si$_0$）处理开花期水稻倒 2 叶叶片表皮细胞结构；B：H 钢渣硅钙肥的 Si$_3$ 处理开花期水稻倒 2 叶叶片表皮细胞结构。

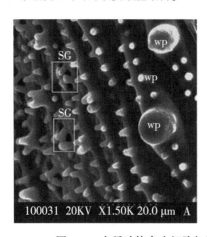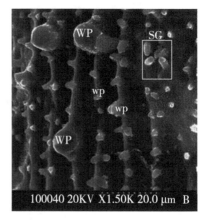

图 6-5　水稻叶片表皮细胞扫描电镜结构（150 K 倍放大倍数）

　　注：比例尺 = 20 μm；SC（Silica cell）表示硅化细胞，WP（Wart-like protuberance）表示乳突；SG（Stomatal guard cell）表示气孔保卫细胞。A：CK（Si$_0$）处理开花期水稻倒 2 叶叶片表皮细胞结构；B：H 钢渣硅钙肥的 Si$_3$ 处理开花期水稻倒 2 叶叶片表皮细胞结构。

参考文献

戴伟民，张克勤，段彬伍，等，2005. 测定水稻硅含量的一种简易方法 [J]. 中国水稻科学，19（5）：460-462.

梁永超，陈兴华，张永春，等，1992. 淹水及添加有机物料对土壤有效硅的影响 [J]. 土壤，24 (5)：244-247.

梁永超，张永春，马同生，1993. 植物的硅素营养 [J]. 土壤学研究进展，21 (3)：7-14.

刘鸣达，张玉龙，李军，等，2001. 施用钢渣对水稻土硅素肥力的影响 [J]. 土壤与环境，10 (3)：220-223.

鲁如坤，2000. 土壤农业化学分析方法 [M]. 北京：中国农业科技出版社.

马同生，1990. 我国水稻土硅素养分与硅肥施用研究现况 [J]. 土壤学研究进展，3：1-5.

马同生，1997. 我国水稻土中硅素丰缺原因 [J]. 土壤通报，28 (4)：169-171.

CATHERINE KELLER F G, MEUNIER J D, 2012. Benefits of plant silicon for crops: a review [J]. Agronomy for Sustainable Development, 32: 201-213.

CHA W, KIM J, CHOI H, 2006. Evaluation of steel slag for organic and inorganic removals in soil aquifer treatment [J]. Water Research, 40: 1034-1042.

DALLAGNOL L J, RODRIGUES F Á, DAMATT A FM, et al., 2011. Deficiency in silicon uptake affects cytological, physiological, and biochemical events in the rice-*Bipolaris oryzae* interaction [J]. Phytopathology, 101: 92-104.

DALLAGNOL L J, RODRIGUES F Á, MIELLI M V B, et al., 2009. Defective active silicon uptake affects some components of rice resistance to brown spot [J]. Phytopathology, 99: 116-121.

DATNOFF L E, DEREN C W, SNYDER G H, 1997. Silicon fertilization for disease management of rice in Florida [J]. Crop Protection, 16: 525-531.

DEREN C W, DATNOFF L E, SNYDER G H, et al., 1994. Silicon concentration, disease response, and yield components of rice genotypes grown on flooded organic histosols [J]. Crop Science, 34: 733-737.

EPSTEIN E, 1999. Silicon [J]. Annual Review Plant Physiology and Plant Molecular, 50: 641-664.

LEE T S, HSU L S, WANG C C, et al., 1981. Amelioration of soil fertility for reducing brown spot incidence in the patty field of Taiwan [J]. Journal Agriculture of Research in China, 30: 35-49.

LIANG Y C, MA T S, LI F J, et al., 1994. Silicon availability and response of rice and wheat to silicon in calcareous soils [J]. Communication Soil Science Plant Analysis, 25 (13&14): 2285-2297.

LIANG Y C, SUN W C, SI J, et al., 2005. Effect of foliar-and root-applied silicon on the enhancement of induced resistance in *Cucumis sativus* to powdery mildew [J]. Plant Pathology, 54: 678-685.

LIANG Y C, SUN W C, ZHU Y G, et al., 2007. Mechanisms of silicon-mediated alleviation of abiotic stresses in higher plants: A review [J]. Environmental Pollution, 147: 422-428.

MA J F, 2004. Role of silicon in enhancing the resistance of plants to biotic and abiotic stresses [J]. Soil Science Plant Nutrition, 50: 11-18.

MA J F, TAKAHASHI E, 2002. Soil, Fertilizer, and Plant Silicon Research in Japan [M]. Amsterdam: Elsevier.

MARCHETTI M A, PETERSON H D S, 1984. The role of *Bipolaris oryzae* in floral abortion and kernel discoloration in rice [J]. Plant Diease, 68: 288-291.

MOTLAGH M R, KAVIANI B, 2008. Characterization of new bipolaris spp.: the causal agent of rice brown spot disease in the North of Iran [J]. International Journal of Agricultural and Biological, 10: 638-642.

MOTZ H, GEISELER J, 2001. Products of steel slags an opportunity to save natural resources [J]. Waste Management, 21: 285-293.

NANAYAKKARA U N, UDDIN W, DATNOFF L E, 2008. Effects of soil type, source of silicon, and rate of silicon source on development of gray leaf spot of perennial ryegrass turf [J]. Plant Disease, 92: 870-877.

NAOTO K, NAOTO O, 1997. Dissolution of Slag Fertilizers in a Paddy Soil and Si Uptake by Rice Plant [J]. Soil Science Plant Nutrition, 43: 329-341.

RODRIGUES F Á, BENHAMOU N, DATNOFF L E, et al., 2003a. Ultrastructural and cytochemical aspects of silicon – mediated rice blast resistanc [J] Phytopathology, 93: 535-546.

RODRIGUES F Á, MCNALLY D J, DATNOFF L E, et al., 2004. Silicon enhances the accumulation of diterpenoid phytoalexins in rice: A potential mechanism for blast resistance [J]. Phytopathology, 94: 177−183.

RODRIGUES F Á, VALE F X R, DATNOFF L E, et al., 2003c. Effect of rice growth stages and silicon on sheath blight development [J]. Phytopathology, 93: 256−261.

RODRIGUES F Á, VALEB F X R, KORNDÖRFER G H, et al., 2003b. Influence of silicon on sheath blight of rice in Brazil [J]. Crop Protection, 22: 23−29.

RODRIGUES F Á, DATNOFF L E, 2005a. Silicon and rice disease management [J]. Fitopatologia Brasileira, 30: 457−469.

SAVANT N K, SNYDER G H, DATNOFF L E, 1996. Silicon management and Sustainable rice production [J]. Advance Agronomy, 58: 151−199.

SEEBOLD K W, DATNOFF L E, CORREA−VICTORIA F J, et al., 2004. Effects of silicon and fungicides on the control of leaf and neck blast in upland rice [J]. Plant Disease, 88: 253−258.

SEEBOLD K W, KUCHAREK T A, DATNOFF L E, et al., 2001. The influence of silicon on components of resistance to blast in susceptible, partially resistant, and resistant cultivars of rice [J]. Phytopathology, 91: 63−69.

SHEN H T, FORSSBERG E, 2003. An overview of recovery of metals from slags [J]. Waste Management, 23: 933−949.

SUN W C, ZHANG J, FAN Q H, et al., 2010. Silicon−enhanced resistance to rice blast is attributed to silicon−mediated defence resistance and its role as physical barrier [J]. European Jurnal of Plant Pathology, 128: 39−49.

TAKAHASHI K, 1981. Effects of slags on the growth and the silicon uptake by rice plants and the available silicates in paddy soils [J]. Bulletin of the American Mathematical Society, 38: 75−114.

VAN NGUYEN N, FERRERO A, 2006. Meeting the challenges of global rice production [J]. Paddy and Water Environment, 4: 1−9.

WANG H L, LI C H, LIANG Y C, 2001. Agricultural utilization of silicon in China [J]. Studies in Plant Science, 8 (1): 343−358.

第七章 重金属胁迫下水稻对外源硅钙肥的生理和生化特性响应

　　水稻是我国的主要粮食作物，常年种植面积约 3 000 万 hm²，占我国耕地面积的 25%。水稻生产与国家粮食安全密切相关，在国民经济发展中占有重要的战略地位。近年来，随着工农业和城镇化的快速发展，因矿山的开采冶炼、工业"三废"的排放、化肥与农药的不合理施用、污水灌溉、污泥农用以及城市生活垃圾排放等，中国大面积农田都受到一定程度的重金属污染（Li et al.，2014；Xu et al.，2014）。据统计，我国受重金属污染的耕地面积近 2 000 万 hm²，约占总耕地面积的 1/5（Chen，2007）。此外，由于氮肥的长期过量施用，酸雨沉降等原因，我国南方水稻土的酸化面积和酸化程度不断增加（Guo et al.，2010；张永春等，2010）。土壤酸化进一步促进了重金属的溶出，增加了重金属的活性和生物毒性（Zeng et al.，2011；Li et al.，2014）。因此，酸性水稻土重金属污染成为亟待解决的重大环境和食品安全问题。

　　传统的重金属修复方法基于去除土壤中重金属总量，如客土法、土壤淋洗技术、电动修复技术和植物修复技术等，但上述方法应用于大范围污染农田时花费较高，实现困难。原位固定技术基于改变重金属在土壤中的赋存形态，从而降低其在环境中的迁移性和生物毒性，如固化/稳定法、生物稳定法等。原位治理没有改变生态环境条件，操作方便、成本低、效果好，适合于大面积的推广和利用，引起广泛的研究和应用。钢渣由于自身强碱性，富含多种氧化物，以及较大的比表面积和吸附能力，被广泛应用于污染土壤和水体的净化、修复（Kim et al.，2008；Gu et al.，2011）。钢渣硅钙肥在土壤-植物生态系统缓解重金属毒害的作用机理可分为外部作用和内部作用两方面。外部作用机理主要是指与钢渣中 CaO、SiO₂ 等氧化物重金属发生吸附、沉淀和氧化还原反应等，从而降低土壤中重金属的活性和生物有效性（Liang et al.，2005；Gray et al.，2006；Gu et al.，2011）。内部作用是指在重金属胁迫下，钢渣中 Si 可以增强植物抗金属胁迫的能力。但是由于炼钢工艺和冷却过程不同，钢渣的主要成分和组成也存在很大差异，此外，钢渣的粒径，pH 值等因素都会对其修复效果产生影响。本章选用 3 种不同类型的钢渣作为修复材料，研究钢渣硅钙肥作为重金属钝化剂在水稻田的适宜用量和修复效果，探讨其施用后对土壤重金属赋存形态和分布的影响，以及水稻植株重金属吸收积累的影响。

第一节　材料与方法

一、试验设计

盆栽试验在河南省新乡市中国农业科学院七里营综合试验基地进行。试验选用无污染酸性红壤为原始土壤，以外源添加方式调配复合重金属污染土壤，Cd、Cu、Zn 3 种重金属为研究对象。向土壤中加入 $CdCl_2 \cdot 2H_2O$、$CuSO_4 \cdot 5H_2O$、$ZnSO_4 \cdot 7H_2O$ 使土壤中水溶态重金属含量分别达到 Cd 10 mg/kg、Cu 100 mg/kg、Zn 300 mg/kg。选用 3 种重金属含量符合农用标准的不同类型钢渣作为研究对象，钢渣用量为 1%、3% 两个用量，分别标记为 S1-1、S1-3、S2-1、S2-3、S3-1、S3-3；另设置不加钝化剂加重金属（CK），以及不加钝化剂不加重金属属作为对照（Nor），共 8 个处理，每个处理 3 个重复。3 种钢渣基础理化性状详见表 7-1。

表 7-1　钢渣基础理化性状（2016 年）

因子	S1	S2	S3
pH 值	10.30	9.56	11.40
EC（ms/cm）	3.12	0.42	0.64
总 CaO（%）	56.20	46.70	48.90
总 SiO_2（%）	27.50	29.20	27.70
总 MgO（%）	6.90	6.60	8.80
总 Al_2O_3（%）	15.00	11.60	9.20
总 Fe_{-total}（%）	1.10	0.50	0.80
总 MnO（%）	0.15	0.20	0.40
总 TiO_2（%）	0.60	2.40	1.10
总 K_2O（%）	—	0.90	1.50

(续表)

因子	S1	S2	S3
总 SO_3（%）	2.00	1.90	1.50
总 Cu（μg/kg）	7.35	6.59	13.40
总 Zn（μg/kg）	524.00	1 023.00	283.90
总 Cd（μg/kg）	0.37	—	0.35
植物有效性 SiO_2（%）	19.20	16.60	18.30
植物有效性 CaO（%）	36.70	36.70	34.10
粒径	≤0.05 mm	≤2 mm	≤2 mm

土壤风干磨细过 2 mm 筛备用，试验每盆装土 2 kg。配制为含 Cd 4 g/L、Cu 20g/L、Zn 60 g/L 的重金属母液，每盆加入上述溶液各 5 mL 与 1 L 水充分混匀，浇灌入土壤中。为验证钢渣对重金属钝化的植物有效性，再放置一个月后，每盆处理中种植 2 株水稻。品种选用湖南杂交水稻中心选育的'丰源优 227'，中熟晚籼稻品种。水稻种子先用 10% 的过氧化氢溶液浸泡 30 min，然后用水浸种 24 h，后人工气候箱内催芽，露白后转移至育苗盘，在人工气候箱内育苗，在苗龄长至 3 叶期，挑选长势一致的秧苗移栽。在水稻生长过程中统一灌溉蒸馏水，并一直保持淹水状态。水稻生长 60 d 后收获。水稻植株地上部和地下部分开收获，用蒸馏水冲洗后，烘干测定干物重。样品经磨细后测定组织中 Si、Ca、Cd、Cu、Zn 等元素的含量。同时采集土壤样品，保存一部分鲜样存于 -20 ℃ 冰箱，用于酶活性或微生物群落结构的测定，另一部分自然风干，用于理化性状的测定。

二、测试方法与统计分析

（一）土壤基础理化性状

EC：水土比 1∶2.5 振荡 3 min，分别用 pH 仪和电导率仪测定土壤悬浮液 pH 值；土壤有效硅采用 0.025 mmol/L 柠檬酸静止浸提 5 h，硅钼蓝比色法测定；土壤有机质、有效磷、有效钾采用常规土壤农化分方法。

（二）土壤重金属 BCR 浸提测定方法

钢渣中重金属分级采用 BCR-3 步分级测定方法（Alvarez et al., 2002）。

详述如下：准确称取 0.500 g 钢渣置于聚丙烯塑料离心试管中，按以下步骤平行分级提取。

1. 可交换态

加入 0.11 mol/L 乙酸 20.0 mL，在 25 ℃ 振荡提取 16 h，以 1 500 r/min 离心分离，取其上清液，残渣分别用 4 mL 0.11 mol/L 乙酸溶液清洗，离心分离，取其上清液合并于提取液中稀释到 25.0 mL，残渣留作下一步分级提取物。

2. 可还原提取态

在上一步残渣中，加入 0.1 mol/L $NH_2OH-HCl$ 20 mL（用 HNO_3 调 pH 值至 3.0），25 ℃ 下振荡 16 h，不溶物洗涤步骤同 1，取其上清液合并于提取液中稀释到 25.0 mL，作为待测液残渣留作下一分级提取物。

3. 可氧化提取态

向上一步的残渣滴加 5 mL（分数次加入）30% H_2O_2 溶液，摇匀，室温下放置 1 h，瓶口加一小漏斗，间歇式摇动。取走漏斗，于 85 ℃+2 ℃ 恒温水浴加热，蒸发至剩余溶液 2 mL 左右，然后补加 5 mL H_2O_2，重复上述蒸发操作，至剩余溶液 2 mL 左右。冷却后加入 20 mL 醋酸铵（1 mol/L，用 HNO_3 调节 pH 值至 2.0），25 ℃ 振荡 16 h，离心分离取其上清液与前述上清液合并，稀释至 25 mL，作为待测液。残渣留作下一步消解用。

4. 残渣态

将上一步提取后的残渣，置于 50 mL 聚四氟乙烯坩埚中，分别加入 10 mL 氟化氢和 2 mL $HClO_4$，电热板低温消解至近干，补加 1 mL $HClO_4$ 和 10 mL 氟化氢，再次低温蒸发至近干，重复补加消解液 3 次，再加入 1 mL $HClO_4$ 蒸发至冒白烟，以除剩余的氟化氢，最后用去离子水稀释定容于 25.0 mL 容量瓶中，待测。

每次提取完，待测液采用 0.45 μm 滤膜过滤，重金属待测液用 ICPMS 测定，主要测定元素：Cr、Cd、Cu、Zn、Pb。

（三）植物样品

1. Si

称取 100 mg 样品放入 100 mL 耐高压塑料管中，加入 3mL 50% 的 NaOH 溶液，松松盖上盖子，振荡器上摇匀，于高压灭菌锅中 121 ℃ 下灭菌 40 min 后，用漏斗转移至 50 mL 容量瓶中，蒸馏水定容，混匀。取 1 mL 液体，硅钼蓝比色法测定硅含量。

2. Ca、Mg

准确称取烘干、磨细混匀的样品 2.000 g 于 30 mL 瓷坩埚中，放在电炉上，半盖上坩埚盖，缓慢加热炭化至无烟时，转入高温电炉中，于 450 ℃ 温度下灰化 1 h，切断电源，待温度降至 200 ℃ 取出，冷却至室温。用少量的水湿润灰分，然后缓慢滴加 1.2 mol/L 的 HCl，待作用平缓后添加至盐酸总体积共约 20 mL，缓慢加热近沸，溶解残渣。趁热用无灰滤纸过滤于 100 mL 容量瓶中，用热水洗涤坩埚、残渣和滤纸，冷却后定容，摇匀。吸取制备的待测液 2~10 mL（含 Ca 0.1~0.5 mg，Mg 0.01~0.05 mg）于 50 mL 容量瓶中，加入 50 g/L 的氯化镧或氯化锶溶液 10 mL，用水定容后，用原子吸收分光光度计分别测定 Ca、Mg 的含量。测定条件参考仪器说明书。

3. 重金属

$HNO_3-H_2O_2$ 微波消解。称取样品 0.5 g 左右于消解罐中，加浓硝酸（优级纯，最好为 MOS 级）4 mL，H_2O 22 mL。加盖拧紧，摇匀，随即上机消解，160 ℃ 左右赶酸至尽干，5% 硝酸转移定容到 25 mL 容量瓶中，待测 Ca、Zn、Cu、Cd、Cr、Pb 元素含量。消解方法见《土壤和沉积物金属元素总量的消解 微波消解法》（HJ832—2017）。

（四）统计分析

试验数据用 SPSS 18.0 做统计分析，采用 LSD 法进行差异显著性比较，Origin 8.5 作图。

第二节　土壤重金属形态分布

一、土壤 pH 值、电导率和有效硅含量

研究结果表明，添加外源重金属离子后，土壤 pH 值显著降低（图 7-1a）。但是污染土壤添加钢渣硅钙肥后土壤 pH 值显著增加，与对照比较，提高 4.14%~41.9%，S1-1 与 S1-3 处理分别为 6.95 和 7.63，较 CK 分别增加 29.2% 和 41.9%，增加比例最高。同一种钢渣随着添加量的增加，土壤 pH 值随之增加。重金属污染土壤电导率（EC）值显著高于原始土壤，S1-3 处理 EC 值显著高于其他处理（图 7-1b）。

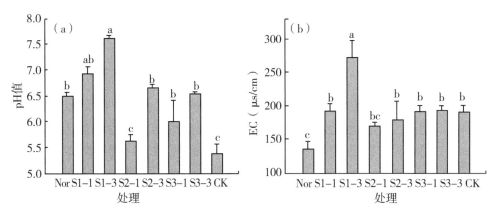

图 7-1　钢渣硅钙肥施用对土壤 pH 值和 EC 的影响

施用钢渣硅钙肥显著增加了土壤中有效硅的含量，与对照比较（CK），硅肥处理有效硅增加了 544%~4 420%（图 7-2）。施用 S1 钢渣硅钙肥，土壤有效硅增加比例最高，而且两个不同用量处理间差异显著，S1-3 比 S1-1 处理增加 123.1%。S2 和 S3 硅钙肥不同用量处理间没有显著差异。

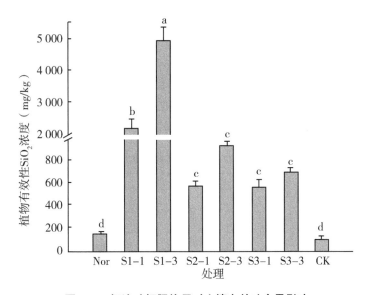

图 7-2　钢渣硅钙肥施用对土壤有效硅含量影响

二、土壤重金属含量、形态和分布

不同处理土壤中重金属总量详见表 7-2。由表知，添加钢渣硅钙肥对土壤中 Cd、Cu 和 Zn 总量没有显著差异。重金属形态分布可以反映金属在土壤中活性和移动性。不同处理土壤中 Cd、Cu 和 Zn 金属形态分布详见图 7-3。研究结果表明，土壤中 Cd 主要以水溶态（F1）存在，所占比例为 60%~85%，其次为还原态（F2）。S1 钢渣硅钙肥用量 1% 和 3% 两个处理显著降低了可交换态（F1）所占的比例，增加了可还原态（F2）、氧化态（F3）和残渣态（F4）的比例。S1-1 和 S1-3 处理 F1 形态所占比例较 CK 分别降低 11.4% 和 25.8%，降低了 Cd 的活性和移动性。但是添加 S2 和 S3 硅钙肥处理对 Cd 的形态没有显著影响。在无金属污染的酸性土壤中（Nor），Cu 和 Zn 主要以残渣态存在，但在污染土壤中主要以可交换态存在（图 7-3）。S1 钢渣在 3% 的用量下显著降低了土壤中可交换态（F1）Cu 和 Zn 所占的比例，增加了可还原态（F2）、氧化态（F3）和残渣态（F4）的比例。S1-3 处理可交换态 Cu 和 Zn 所占比例较 CK 处理分别降低 49.5% 和 9.5%。其他硅钙肥处理对 Cu 和 Zn 的形态分布没有显著影响。

本研究结果表明，添加钢渣硅钙肥并没有改变重金属总量，但改变了重金属形态，这符合原位钝化的修复机理。本研究中 S1 钢渣对重金属形态影响显著，而 S2 和 S3 对其无显著影响。因此，钢渣粒径是影响其修复效果的重要因子。我们认为主要有两种原因。本试验结果中土壤可交换态金属浓度与 pH 值呈显著负相关关系。降低钢渣粒径可以促进钢渣中氧化物的释放，因此伴随着 pH 值的升高。土壤 pH 值升高引发碳酸盐或 Fe/Mn 氧化物与金属形成碳酸盐-金属或 Fe/Mn 金属氧化物。吸附是钢渣钝化修复金属的主要方式之一。钢渣粒径越小，其表面积和吸附能力越高，从而提高了对金属离子的吸附。

表 7-2　钢渣硅钙肥施用对土壤有效硅含量影响（2016 年）

处理	Cd	Cu	Zn
Nor	0.21 ±0.03 b	17.3± 0.76 b	89.4± 6.50 b
S1-1	9.62 ±0.43 a	117.0 ± 8.40 a	403.0±9.45 a
S1-3	9.78 ±0.29 a	115.8± 7.00 a	395.2±4.26 a
S2-1	11.00 ±0.39 a	127.1± 5.28 a	427.8±6.65 a
S2-3	9.94± 0.64 a	117.9± 7.51 a	425.8±6.80 a
S3-1	9.37± 0.98 a	116.4± 4.33 a	381.3±12.40 a
S3-3	10.40± 1.01 a	133.2±6.23 a	416.0±9.42 a
CK	10.70±0.87 a	135.0±7.02 a	416.6±9.84 a

注：同列不同小写字母表示处理间差异显著，数据为平均值±标准差。

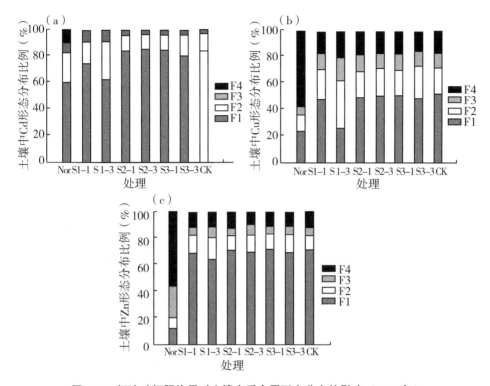

图7-3　钢渣硅钙肥施用对土壤中重金属形态分布的影响（2016年）

第三节　水稻生长与元素吸收积累

一、水稻生长与硅钙元素吸收

与无污染土壤处理（Nor）比较，添加外源重金属（CK）显著抑制了水稻的生长发育，水稻秸秆和根系干物重显著降低（图7-4）。但在污染土壤中施用钢渣硅钙肥后，显著缓解了重金属离子对水稻生长的限制，促进了水稻的生长发育，增加了水稻秸秆和根系干物质量（图7-4）。S1-1和S2-3处理秸秆干物质量显著高于无污染土壤处理。但是，S1-3处理对水稻生长没有起到促进作用，干物质量较低。

施入钢渣硅钙肥处理显著增加了水稻叶片和秸秆中硅含量，相比CK增加

36%~115%（图7-5）。施入 S1 钢渣硅钙肥处理秸秆中硅含量显著高于 S2 和 S3 处理。水稻根系中硅含量较低，钢渣硅钙肥施入对其影响较小。硅钙肥施入对水稻秸秆和根系中 Ca 含量均无显著影响。

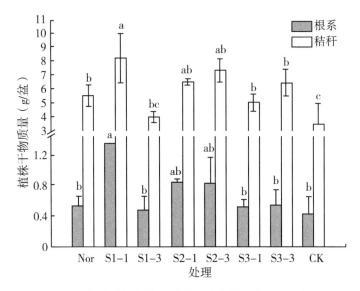

图7-4　钢渣硅钙肥施用对水稻生长的影响（2016 年）

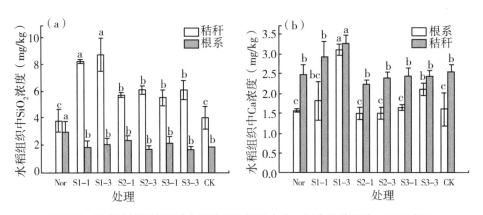

图7-5　钢渣硅钙肥施用对水稻秸秆和根系中硅、钙含量的影响（2016 年）

二、水稻组织中金属元素的吸收积累

与无污染土壤处理（Nor）比较，添加外源重金属（CK）显著增加了水稻根系和秸秆中 Cd、Cu 和 Zn 元素的吸收积累，而且根系中 Cd、Cu 和 Zn 积累量要远大于秸秆中的积累量（图 7-6）。添加钢渣硅钙肥可有效地降低根系和秸秆中 3 种元素的积累，但不同钢渣和用量处理间存在较大差异。施用 S1 钢渣硅钙肥在 1% 和 3% 两个用量下对水稻秸秆和根系中金属元素的降低效果好于 S2 和 S3 钢渣处理。与 CK 比较，S1-1 和 S1-3 处理，根系中 Cd、Cu 和 Zn 积累量分别降低 84.6%~86.1%，95.5%~95.6% 和 78.2%~78.4%，秸秆中 Cd、Cu 和 Zn 积累量分别降低 82.6%~92.9%，88.4%~92.2% 和 67.4%~81.4%。

S2 钢渣硅钙肥处理显著降低了秸秆和根系中 Cu 的含量，Cu 含量接近于无污染土壤（Nor）。但是 S2 在 1% 的用量下对秸秆和根系中 Cd 和 Zn 的含量无显著影响。S2-1 和 S2-3 处理，根系中 Cd、Cu 和 Zn 积累量分别降低 10.0%~41.7%，95.6%~94.8% 和 2.67%~35.6%，秸秆中 Cd、Cu 和 Zn 积累量分别降低 10.0%~41.7%，95.6%~94.8% 和 2.67%~35.6%。

S3 钢渣硅钙肥对水稻植株中 Cd、Cu 和 Zn 积累量降低效果最低。S2-1 和 S2-3 处理，根系中 Cd、Cu 和 Zn 积累量分别降低 8.8%~48.5%，91.3%~92.5% 和 5.7%~38.3%，秸秆中 Cd、Cu 和 Zn 积累量分别降低 12.5%~56.6%，39.2%~66.5% 和 18.6%~46.6%。

本试验中 S1 钢渣硅钙肥在 1% 用量下显著促进了水稻生长发育，但在 3% 用量下抑制了水稻生长。S1 钢渣在 1% 和 3% 两个用量下均显著降低了水稻秸秆和根系中 Cd、Cu 和 Zn 的积累量，两个用量间差异不显著。结果说明过量施用钢渣硅钙肥并没有提高其对重金属的钝化效果，反而会抑制植株生长。钢渣硅钙肥处理降低植株中金属元素的吸收可归纳为两方面的调节机制。第一，是施用钢渣硅钙肥提高了土壤 pH 值，降低了土壤中 Cd，Cu 和 Zn 的活性。第二，钢渣硅钙肥施用显著提高了植株中 Si 的含量。第三，硅可以与金属形成硅酸盐化合物沉积在根系细胞壁中，从而降低了金属向地上部秸秆和籽粒中转运。第四，硅肥施用降低了木质部汁液重金属的浓度，从而缓解了金属的毒害。第五，在有效硅较低的稻田施用硅肥可以有效促进水稻稳产高产。

研究表明：钢渣硅钙肥施用对土壤中 Cd、Cu 和 Zn 元素总量无显著影响，但显著降低了元素的移动性和植物有效性，从而促进了水稻植株生长，并降低了植株对金属元素的吸收和积累。钢渣硅钙肥粒径越小，其表面吸附力和硅释放能力越高，对金属离子的钝化吸附效果越好。钢渣硅钙肥在粉粒状态下施用过量会抑制植株生长。在重金属污染酸性水稻土施用适量钢渣硅钙肥可缓解重金属毒害，促进水稻健康生长。

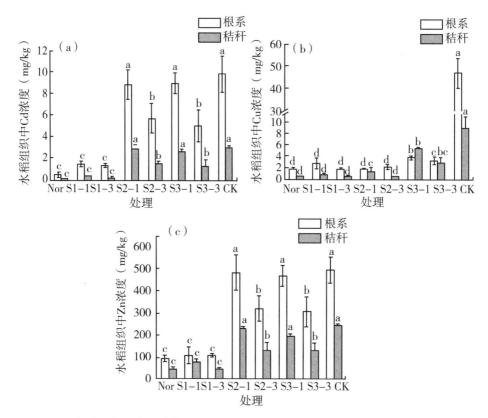

图 7-6　钢渣硅钙肥施用对水稻秸秆和根系中 Cd、Cu 和 Zn 含量的影响（2016 年）

参考文献

宁东峰，2014. 钢渣硅钙肥高效利用与重金属风险性评估研究 [D]. 北京：中国农业科学院.

曾希柏，徐建明，黄巧云，等，2013. 中国农田重金属问题的若干思考 [J]. 土壤学报，50：186-194.

张永春，汪吉东，沈明星，等，2010. 长期不同施肥对太湖地区典型土壤酸化的影响 [J]. 土壤学报，47：465-472.

ANTISARI L V, CARBONE S, GATTI A, et al., 2013. Toxicity of metal oxide（CeO₂, Fe₃O₄, SnO₂）engineered nanoparticles on soil microbial biomass and their distribution in soil [J]. Soil Biology & Biochemistry, 60：

87-94.

BAKER L R, WHITE P M, PIERZYNSKI G M, 2011. Changes in microbial properties after manure, lime, and bentonite application to a heavy metal-contaminated mine waste [J]. Applied Soil Ecology, 48: 1-10.

BARCA C, MEYER D, LIIRA M, et al., 2014. Steel slag filters to upgrade phosphorus removal in small wastewater treatment plants: Removal mechanisms and performance [J]. Ecological Engineering, 68: 214-222.

CAO X D, AMMAR W, MA L, et al., 2009. Immobilization of Zn, Cu, and Pb incontaminated soils using phosphate rock and phosphoric acid [J]. Journal of Hazardous Materials, 164: 555-564.

CHEN J, 2007. Rapid urbanization in China: a real challenge to soil protection and food security [J]. Catena, 69: 1-15.

CHENG J M, LIU Y Z, WANG H W, 2014. Effects of Surface-Modified Nano-Scale Carbon Black on Cu and Zn Fractionations in Contaminated Soil [J]. International Journal of Phytoremediation, 16: 86-94.

COOKE J, LEISHMAN M R, 2011. Is plant ecology more siliceous than we realise ? [J]. Trends in Plant Science, 16: 61-68.

DAS B, PRAKASH S, REDDY P S R, et al., 2007. An overview of utilization of slag and sludge from steel industries [J]. Resources Conservation and Recycling, 50: 40-57.

DATNOFF L E, DEREN C W, SNYDER G H, 1997. Silicon fertilization for disease management of rice in Florida [J]. Crop Protection, 16: 525-531.

DUAN J M, Su B, 2014. Removal characteristics of Cd (Ⅱ) from acidic aqueous solutionby modified steel-making slag [J]. Chemical Engineering Journa, l 246: 160-167.

EPSTEIN E, 1994. The anomaly of silicon in plant biology [J]. Proceedings of the National Academy of Sciences, 91: 11-17.

GRAY C W, DUNHAM S J, DENNIS P G, et al., 2006. Field evaluation of in situ remediation of a heavy metal contaminated soil using lime and red-mud [J]. Environmental Pollution, 142: 530-539.

GU H H, QIU H, TIAN T, et al., 2011. Mitigation effects of silicon rich amendments on heavy metal accumulation in rice (*Oryzasativa* L.) planted on multi‐metal contaminated acidic soil [J]. Chemosphere, 83: 1234-1240.

GUO J H, LIU X J, ZHANG Y, et al., 2010. Significant acidification in major Chinese croplands [J]. Science, 327: 1008-1010.

HAMON R E, MCLAUGHLIN M J, COZENS G, 2002. Mechanisms of attenuation of metal availability in situ remediation treatments [J]. Environmental Science & Technology, 36: 3991-3996.

HUANG Z Y, XIE H, CAO Y L, et al., 2014. Assessing of distribution, mobility and bioavailability of exogenous Pb in agricultural soils using isotopic labeling method coupled with BCR approach [J]. Journal of Hazardous Materials, 266: 182-188.

KHANDEKAR S, LEISNER S, 2011. Soluble silicon modulates expression of Arabidopsis thaliana genes involved in copper stress [J]. Journal of Plant Physiology, 168: 699-705.

KIM D H, SHINA M C, CHOI H D, et al., 2008. Removal mechanisms of copper using steel‐making slag: adsorption and precipitation [J]. Desalination, 223: 283-289.

LI P, SONG A L, LI Z J, et al., 2012. Silicon ameliorates manganese toxicity by regulating manganese transport and antioxidant reactions in rice (*Oryza sativa* L.) [J]. Plant and Soil, 354: 407-419.

LI Z Y, MA Z W, VAN DER KUIJP T J, et al., 2014. A review of soil heavy metal pollution from mines in China: Pollution and health risk assessment [J]. Science of the Total Environment, 468-469: 843-853.

LI W Y, XU B B, SONG Q J, et al., 2014. The identification of 'hotspots' of heavy metal pollution in soil‐rice systems at a regional scale in eastern China [J]. Science of the Total Environment, 472: 407-420.

LOMBI E, HAMON R E, MCGRATH S P, et al., 2003. Lability of Cd, Cu, and Zn in polluted soils treated with lime, beringite, and red mud and identification of a non‐labile colloidal fraction of metals using isotopic techniques [J]. Environmental Science & Technology, 37: 979-984.

MA J F, TAKAHASHI E, 2002. Soil, Fertilizer, and Plant Silicon Research in Japan [M]. Amsterdam: Elsevier.

Ma J F, Tamai K, Yamaji N, et al., 2006. A silicon transporter in rice [J]. Nature, 440: 688-691.

MALLAMPATI S R, MITOMA Y, OKUDA T, et al., 2012. Enhanced heavy metal immobilization in soil by grinding with addition of nanometallic Ca/CaO dispersion mixture [J]. Chemosphere, 89: 717-723.

MICHALKOVA Z, KOMAREK M, SILLEROVA H, et al., 2014. Evaluating the potential of three Fe-and Mn- (nano) oxides for the stabilization of Cd, Cu and Pb in contaminated soils [J]. Journal of Environmental Management, 146: 226-234.

NING D F, SONG A L, FAN F L, et al., 2014. Effects of slag-based silicon fertilizer on rice growth and brown-spot resistance [J]. Plos One, 9 (7): 1-8. DOI: 10. 1371/journal. pone. 0102681.

OH C, RHEE S, OH M, et al., 2012. Removal characteristics of As (Ⅲ) and As (Ⅴ) from acidic aqueous solution by steel making slag [J]. Journal of Hazardous Materials, 213-214: 147-155.

RODRIGUES F Á, DATNOFF L E, 2005. Silicon and rice disease management [J]. Fitopatologia Brasileira, 30: 457-469.

SANDERSON P, NAIDU R, BOLAN N, 2014. Ecotoxicity of chemically stabilised metal (loid) s in shooting range soils [J]. Ecotoxicology and Environmental Safety, 100: 201-208.

SHI Q H, BAO Z Y, ZHU Z J, et al., 2005. Silicon mediated alleviation of Mn toxicity in Cucumis sativusin relation to activities of superoxide dismutase and ascorbate peroxidase [J]. Phytochemistry, 66: 1551-1559.

SONG A L, LI Z J, ZHANG J, et al., 2009. Silicon-enhanced resistance to cadmium toxicity in Brassica chinensis L. is attributed to Si - suppressed cadmiumuptake and transport and Si-enhanced antioxidant defense capacity [J]. Journal of Hazardous Materials, 172: 74-83.

附录　主要符号对照表

英文缩写	全称	英文缩写	全称
V_c	RuBP 羧化速率	PS II	光系统 II
V_o	RuBP 氧化速率	F_m	最大荧光
V_{cmax}	最大羧化速率	F_s	稳态荧光
V_{omax}	最大氧化速率	F_o	最小荧光
K_{mC}	羧化反应米氏常数	F_v	可变荧光
K_{mO}	氧化反应米氏常数	F_v/F_m	PS II 最大光化学效率
C_c	羧化位点 CO_2 浓度	qP	光化学猝灭参数
O	羧化位点氧气浓度	Φ_{NPQ}	非光化学猝灭系数
ε	氧化速率、羧化速率的比值	$\Phi_{PS II}$	PS II 实际光化学量子效率
R_d	暗呼吸速率	J_{max}	最大电子传递速率
A_c	Rubisco 限制阶段的净光合速率	Chla	叶绿素 a
A_j	RuBP 再生速率限制阶段的净光合速率	Chlb	叶绿素 b
A_p	TPU 速率限制阶段的净光合速率	Crtn	类胡萝卜素
J	PS II 的电子传递速率	Rub	核酮糖-1，5-二磷酸
α	叶片光吸收系数	Rubisco	核酮糖二磷酸羧化酶
θ	非直角双曲线函数曲率	MDA	丙二醛
I	入射光强度	APX	抗坏血酸过氧化物酶
T_p	磷酸丙糖转运速率	CAT	过氧化氢酶
g_m	叶肉导度	SOD	超氧化歧化酶
A、Pn	净光合速率	POD	过氧化物酶

（续表）

英文缩写	全称	英文缩写	全称
C_i	胞间 CO_2 浓度	PAL	苯丙氨酸
g_s	气孔导度	PEPC	磷酸烯醇丙酮酸羧化酶
Tr	蒸腾速率	ROS	活性氧
pH	酸碱度	$O_2^{\cdot-}$	超氧根阴离子
EC	电导率	H_2O_2	过氧化氢
FC	田间持水量	R2	玉米灌浆期
V6	玉米拔节期	LWP	叶水势
V12	玉米 12 叶期	FW	鲜物质重量